〈わたし〉は脳に操られているのか

My Brain Made Me Do It

意識がアルゴリズムで解けないわけ

エリエザー・スタンバーグ　大田直子 訳

インターシフト

ダニー、ベニー、レベッカへ

My Brain Made Me Do It
The Rise of Neuroscience and the Threat to Moral Responsibility

〈わたし〉は脳に操られているのか
意識がアルゴリズムで解けないわけ

【目次】

はじめに

人間に自由な意志はあるのか

フョードル・ドストエフスキーは、一八六四年の著書『地下室の手記』(光文社など)で、名前は一度も出てこないが、自意識に悩まされている男のことを語っている。男は、自分は優柔不断で何もできなくなる意識の病にかかっていると考えている。意識過剰で、自分の考えや意図を気にしすぎ、自己批判的すぎるというのだ。さらに悪いことに、自分の決断は社会の期待によって操られ、自分の体の機械的な力にも支配されているという被害妄想を持っている。この本は回想録として書かれているが、「地下室の住人」が自分の思考と行動をコントロールしていると納得できるように行動しようと奮闘しながら、自分の意志を世界に行使しようとするときの、底知れぬフラストレーションを表現している。

彼は自分のほうに向かって歩いてくる人に、道を譲りたくないことを表明するためにわざとぶつかる。人の予想を裏切るために、歯痛は快楽だと主張する。内心では親しくなりたいと思っている昔の学友の夕食会に参加し、おおっぴらに彼らを侮辱しようと決心する。ほかの客は彼がそこにいることを望んでいないとわかっているが、復讐についてあれこれ考えながら優柔不断に歩きまわり、帰ろうとしない。自分がどうふるまうかを他人が予想していると感じるたびに、彼は意地悪するためだけに予想とはちがう行動をとる。

ある日、地下室の住人はリーザという娼婦と出会い、彼女との会話に引き込まれる。そしてとくに理由もなく、彼女の職業が受ける屈辱について説教することにする。地下室の住人はリーザが自分の言うことに心を動かされているのを知って驚き、彼女に影響をおよぼすことができるという期待に胸躍らせる。リーザは彼のひどい皮肉に辛抱強く応じ、地下室の住人は次第に彼女を好きになっていく。しかしその気持ちが彼を怒らせる。その気持ちのせいで二人の交流がもどかしいほど複雑になり、地下室の住人はその気持ちが自分のふるまいに影響することを警戒するのだ。そのため、彼はひっきりなしに彼女を馬鹿にして、とうとう彼女は考えにふける彼をひとり残して立ち去る。

それでもリーザは彼のふるまいに寛容で、彼のもとを訪ねてくる。地下室の住人は、彼女は自分のことを愛情深く見てくれる唯一の人、いつの日か自分を理解してくれそうな唯一の人かもしれないと気づく。彼がこの新たな人間関係に力を注ぐべきなのは明らかだ。しかし、これが彼のなすべき決断――彼の立場にある分別のある人なら誰でもする決断――だったからこそ、地下室の住人は意地悪くなって、ちがう行動をとることにする。彼は軽蔑のしるしにリーザにお金を投げ、屈辱を与え、彼女は永遠に去ってしまう。地下室の住人は内なる心の葛藤にもどり、再びシニカルな取りとめのない話を始める。

本書の題辞（12ページ）は地下室の住人の手記から引用している。[1] ドストエフスキーの小説のなかで地下室の住人は終始、自分が自分の行動をほんとうにコントロールしているかどうかという問題に取り組み、自分は純粋に機械的な世界(オルガン)の取るに足らない部品(「オルガンの音栓《ストップ》」)にすぎない可能性をつねに突きつけられている。さらに、自分について十分な情報を持っている誰かが、自分のあらゆる決断を予測するために公式のようなものをつくる可能性があることに不安を覚える。そのため、彼は必然性の手中から逃れたいと思って、とっぴな行動をしようとする。自分で選択できる能力、周囲に影響を与える力が、自分にはあるのだと示すことだけを追い求める。

地下室の住人が提起している問題は、一八六四年より現代のほうが現実的な意味を帯びている。実際、それは私がずっと悩んできた問題だ。神経科学分野の発展のおかげで、人間の行動が脳内のニューロンとそれに関係する化学物質との相互作用にどう関係しているか、理解がどんどん深まっている。現代の科学者の大半は、このような生化学的実体の仕組みが、人間の行動にとって唯一の決定因子であるという前提で研究している。周知のように、生化学的相互作用は一連の厳格な法則、つまり化学と物理の法則にしたがっているので、数学的方程式のかたちで表現できるほどである。私たちの思考や選択が脳内の化学物質によって引き起こされるのなら、やはり物理の法則で決定しているはずであり、したがって原理的には数学的方程式で表現できる可能性がある。

これこそまさに、地下室の住人を恐怖に陥れている可能性だ。選択の自由がなければ、彼は人に(結果の良し悪しにかかわらず)行動の責任を負わせることはできない。なぜなら、人は自由に選べないからだ。選択の自由がなければ、地下室の住人はルールにコントロールされている自然界の駒にすぎないので、世界に対する影響力があるとは主張できない。それゆえ彼は悪意に満ちた人間になり、誰も予測できないと思うような行動をとるのだ。

生物学的メカニズムが私たちのすることすべてをコントロールしているというのが真実なら、私たちはどうなるのだろう？　それはつまり、私たちは機械であり、オルガンの音栓であることを意味する。

私としては、けっしてオルガンの音栓にはなりたくない。この気持ちから、この苦境を抜け出す道を探そうと奮起している。自由意志《フリーウィル》と道徳的《モラル》責任に対する神経科学の脅威は大きいが、和解の道はある。脳科学の手法や発見に対する信頼と、意図を持つ道徳的行為主体《モラル・エージェント》としての人間の尊厳に対する信念、両方を維持できる方法がある。少なくとも、私はここでそれを論証しようと思う。本書でこれから、そのような和解がありえることを主張し、これらの見解がどうつながりえるかについて考えを示すつもりだ。

本書は大きく三つに分けられる。第一部（第1章〜第4章）は、ここでざっと紹介した問題の意味合いの深さを探る。第二部（第5章〜第13章）では、私たちの自由意志と道徳的責任を脅かすように思われる神経科学の鮮やかな発展の概要を説明する。そして第三部（第14章〜第18章）では、考えられる解決を示す。全体として本書を、たんに私が長い論理の道筋を提示する舞台にするのではなく、自由、倫理、そして人間の意義にまつわる根本的問題を探究する書にするつもりだ。

いつの日か、我々のあらゆる欲求だの気まぐれだのの公式がほんとうに発見されたなら、つまりそれらが何に左右され、どんな法則によって発生し拡大してゆくのか、これこれの場合にはどこを目指してゆくのか等々、つまり本物の数学的公式が発見されたなら――人間はたぶんすぐさま何かを欲求することを、それどころかおそらく存在することさえやめてしまうだろう。誰が好きこのんで、対数表どおりに何かを望んだりするものか。それどころか、そうなったら、人間はたちどころに人間からそれこそオルガンの音栓《ストップ》か何かに変わってしまうだろう。なぜなら、願望も意志も欲求もない人間なんて、オルガンの音栓以外の何物であろう？

――フョードル・ドストエフスキー『地下室の手記』（安岡治子訳、光文社）

第1章 人を殺したのは脳のせい？

意識にのぼらない計算

一九九一年二月一七日の真夜中すぎ、スティーヴン・モブレーはジョージア州オークウッドのドミノ・ピザに入った。手にシルバーのセミオートマチック拳銃を握っている。なかにいるのは店長で二四歳のジョン・コリンズひとり。モブレーはコリンズに銃を突きつけ、レジを開けろと命じ、コリンズは言われたとおりにした。モブレーが上着のポケットに札を詰め込んでいるあいだ、店長は店の隅で黙って震えながらすわっていた。

レジを空にしたあと、モブレーはひと息ついた。コリンズに目をやると、髪をかきむしり、いまにも泣きそうだ。モブレーは店長にこっちに来いと怒鳴り、ひざまずけと命令した。コリンズは泣きじゃくりながらしたがった。モブレーは相手の後ろに回り、汗に濡れた後頭部に銃口を当てる。コリンズは金を持って出て行ってくれと命乞いをする。モブレーは引き金を引いた。

一カ月後に逮捕されたあとも、モブレーはその殺人を後悔していないようだった。「もしあのでぶ野郎が泣き出さなかったら、おれはやつを撃っていなかった」。そして看守のひとりに、ドミノ・ピザの夜間店長に応募する予定だと話した。空きがひとつあるとわかっているからな。別の看守を指さして言う、「あんたは日に日にドミノ・ピザの店員に似てきている」。そしてドミノ・ピザの空き箱を独房にしまい込んでいた。[1]

スティーヴン・モブレーの弁護はやっかいな仕事だ。どんな話をすれば、無慈悲な殺人者に有利になるだろう？　モブレーの弁護士はまず健康診断から始めることにして、彼の身体と精神を徹底的に検査した。しかし成果は乏しかった。モブレーには身体的、心理的、精神的、あるいは神経学的な疾患はない。双極性障害（躁うつ病）も、統合失調症も、アルツハイマー病もない。検査で見つかったのは取るに足りないことだけ。脳内のセロトニンやドーパミンなど、いくつかの主要神経伝達物質を分解するモノアミン酸化酵素Ａが、わずかに不足していたのだ。これではモブレーが正気でなかったと主張するには、まったく不十分であることは弁護団にもわかっていた。それでも、彼らは大胆な作戦に出ることにした。脳内ニューロン間のコミュニケーションが神経伝達物質の相対的濃度に影響されたせいで、モブレーは殺人を犯したのだと断言したのである。弁護団は次のように陳述している。

罹患男性におけるＭＯＭＡ（モノアミン酸化酵素Ａ）の活動停滞は、通常ＭＯＭＡを用いて体内で分解される、神経伝達物質のセロトニン、ノルアドレナリン、ドーパミン、およびアドレナリンの過剰分泌につながった。……MOMA遺伝子の欠陥により、これらの神経伝達物質が過剰に蓄積すると、罹患者はストレスの多い状況に対応するのが困難になり、その結果、過剰に、ときに暴力的に反応する。[2]

彼らの見解は事実上、モブレーの犯罪は彼の脳によって決定されたものなので、彼はその犯罪に対して全責任を負うことはできない、ということだ。

しかし結局、陪審は納得しなかった。モブレーは有罪とされ、二〇〇五年三月一日に死刑に処されている。

この事件を振り返って私が注目するのは、陪審の評決や判事の判決ではなく、弁護団の戦略である。モノアミン酸化酵素Aはあらゆる人間の脳内で作用している酵素だ。神経伝達物質など脳内化学物質の濃度を調整するさまざまな酵素のひとつであり、その脳内化学物質はニューロン間のコミュニケーションを制御している。セロトニンのような特定の神経伝達物質の脳内量はつねに変動している。細胞のニーズ、環境から入る刺激の強さや数、あるいは特定のシナプスが活性化する頻度によって変化するのだ。脳内化学物質の濃度は瞬間ごとに変わるし、人によってもさまざまである。

では、ひとりの男性がある酵素の濃度のせいで殺人を犯し、別の酵素の濃度のせいでうそをつき、さらに別の酵素の濃度のせいで慈善活動をするのだと、私たちは信じるべきなのか？

モブレーの弁護団は依頼人を弁護するために、彼の犯罪は、モノアミン酸化酵素Aなどさまざまな化学物質のやりとりによる、脳内のニューロン間の相互作用によって引き起こされたのだと主張した。彼らがこの戦略を選んだのは、一般に考えられているとおり、人がどうふるまうかは脳の働きの結果だと想定したからである。しかしこの事件は、まったく健康な脳の人の場合とどうちがうのだろう？　健康な人の脳内ニューロンもやはり発火し、おそらくその人の行動を引き起こしている。たとえば、まったく健康でうそをつく人のことを考えよう。実際のところ、何が彼女にうそをつかせているのか？　本人は何かの目標を達成する必要性について詳しい論理的根拠を話すかもしれないし、なんらかの真実が明らかになることへの不安を訴えるかもしれないが、科学的研究はまったくちがう説明をする。

彼女の脳の奥深く、大脳半球の灰白皮質のなかの、ニューロンとグリア細胞が織りなす神経組織のいたるところで、軸索と樹状突起の細いアーチ状の巻きひげのあいだから、カルシウムイオンが細胞を出入りして、「神経伝達物質」と呼ばれるシグナル分子の小さなパケットのやり取りを制御している。このごくわずかな相互作用によって生じるシグナルが、ひとつのニューロンの軸索末端から、蛇行するニューロンの樹状繊維をとおり、次の軸索の基部に伝わり、次から次に軸索から樹状突起へ、ニューロンからニューロンへと伝わって、最終的に筋肉が刺激され、彼女が話すのである。

この女性は精神を病んでいるわけではない。モブレーが被害者の頭に銃を突きつけて、次にどうするか、コリンズを撃つべきか、それともただ出ていくべきか、考えながら立っていたときも同じだった。

私も選択肢を示されたとき、たとえばうそをつくべきか、真実を話すべきか、次にどうするか考えるだろう。どの選択肢が最善か、自分のニーズと価値観にもとづいて、時間をかけて意識的に考えるかもしれないが、考えることに没頭していると思われるのとまったく同じ時間、私の意識にのぼらない無数の小さな計算が私の脳内で起こっている――私が何をやるべきかを決めているのだ。

しかし、どちらのシステムも作用しているのなら、決定はどちらから出てくるのだろう？　決定をコントロールするのは私なのか、それとも私の脳なのか？

道徳的責任を問う根拠

現代の神経科学者の多くは、答えは私の脳だと確信している。科学者のフランシス・クリックは、『あなた』、あなたの喜びと悲しみ、あなたの記憶と野心、あなたのアイデンティティ感覚と自由意志は、じつは無数の神経細胞集団と関連する分子の作用にすぎない[3]」と書いている。神経科学者のジョゼフ・ルドゥーは簡潔に「あなたはあなたのシナプスである。シナプスがあなたなのだ[4]」と述べている。神経学者のマーク・ハレットは、自分の行動を自由にコントロールできる能力に関して「調べれば調べるほど、人にはないことがわかる[5]」と主張する。このような見解には不安をかき立てられるかもしれないが、問題はもっと深い。

モブレーは自分の脳のせいでジョン・コリンズを殺したのだと主張する弁護団は、冷静に考えると、モブレーは自分の脳に殺人をやらされたのだから、殺人に対する道徳的責任がないと言っているのだ。彼らの主張は次のように要約できる。

① モブレーの脳内の神経生物学的相互作用が、モノアミン酸化酵素Aの不足に促され、モブレーがコリンズを殺すことを決めた。
② 決められた行動は自由にならない。
③ 自由にならない行動に対して、人は道徳的責任を負うことはできない。
④ したがって、モブレーはコリンズ殺人に対して道徳的責任を負うことはできない。[6]

しかし、陪審はモブレーに責任があると見なした。陪審の考えでは、モブレーには道徳的選択の自由があった。ピザ店で強盗を働いたあと、彼は発砲せずに去ることができた。もし顔を見られることや、コリンズが警察に通報することを心配していたのなら、覆面をして侵入し、店長をテーブルに縛りつければよかった。しかし、モブレーは殺すことを選んだのだと、陪審員は結論づけた。人は自分の行動を自由に選ぶものと見なされているからこそ、私たちは人に自分の行動に対する法的責任を負わせている。だから陪審員は、彼に責任を負わせるのは正当だと思った。私たちの前提では、すべての人が意識的に論理的判断を下す能力のある道徳的な行為主体であり、自分が正しいと信じるところにしたがって決定を下し行動するのだ。

しかし、弁護団が正しかったらどうだろう？　モブレーの脳内の複雑な作用が彼に盗みを働かせたとしたら？　それはつまり、彼の判断は自由ではなく、生物学的な組成によって強制されたものだったということだ。万人の行動が神経生物学的な配線によって起きるのなら、判断が自由に下されることはありえない。あなたが銀行強盗を働いても、大統領を撃っても、飼い犬を蹴っても、仕事に遅刻しても、問題にならない——すべてあなたの力のおよばないプロセスによって引き起こされるのだから。

私たちの判断を決めるのが脳だとしたら、誰もが道徳的責任に反対する強力な論法を好きなように使える。

①　私の脳内の神経生物学的相互作用が、私がXをすると決めた。
②　決められた行動は自由にならない。
③　人は自由にならない行動に道徳的責任を負うことはできない。
④　したがって、私はXをすることに対して道徳的責任を負うことはできない。

要するに、道徳的責任は存在しないのだ。

しかし、私の心の奥底の感覚は、自分が下す決定はすべて自分のものだと告げている。私は自分の決定をコントロールする力のある道徳的行為主体である。私には自由意志がある。自分の行動から生じる結果は自分が責任を負わなくてはならないという理解のもと、行動すると決めるまで意図的にじっくり考え、しばしば苦労しながら、詳細を吟味し規範を検討するのは、私の自覚している能力である。この感覚は私がよく知っているものであり、私のアイデンティティに欠かせない要素である。

その一方、私の脳科学の知識は、私の頭蓋骨のなかには何よりも複雑な生物学的システムが存在すると教えている。私が意識的にじっくり考えているあいだずっと、このダイナミックなシステムが活動を起こしていることはわかっている。ネットワーク化された無数の実体が、私の考えや行為とつながるように情報をやり取りしたり修正したりしているのだ。さらに、このシステムの働きについての完璧な知識も、それを完全にコントロールする力も、自分にはないこともわかっている。

私は意識にのぼる経験も神経生物学の原理も真実であると思っているが、意識的な決定を下すということになると、両者は根本的に矛盾するようだ――そしてこの矛盾は、倫理観と責任に対する私たちの認識を脅かしかねない。このジレンマを論じるうえでの大きな課題のひとつは、どうやって明確に問題を提起するかを決めることであり、私としては哲学者のジョン・サールのやり方が正しいと思う。そこでサールの解釈を用いて、私にできる限り正確に問題を示させてほしい。

時刻Aにモブレーが（あるいは任意の誰かが）道徳的選択、つまり殺人を犯すか、その場を立ち去るか、に直面するとしよう。この瞬間、モブレーはどちらかに決める理由をわかっていて、精神的に正常であるとする。一〇秒後の時刻Bに、彼は引き金を引いて被害者を殺す。時刻AとBのあいだに、彼の心の意思決定プロセスを邪魔するものはなかったとする。ここで問題にするのはモブレーの心と彼が行なう選択だけである。時刻Ａにおけるモブレーの脳内の神経生物学的相互作用の総和が、時刻Ｂに彼が殺人を犯すと決めるに十分であるなら、自由意志と道徳的責任は存在しない。彼の犯罪は神経生物学的回路によって決められたのだから、彼はその責任を負えない。脳が彼にそれをやらせたのだ。一方、Ａにおける脳内の相互作用の総和が、一〇秒後に殺人を犯すという彼の決断を確定するのに不十分である場合、断定はできないが、彼には自由意志があり、自分のやったことに対する責任があると考えられる。[7]

人は自分の思考と行動を意識的にコントロールしている、という前提から引き出される道徳的責任についての考えは、人の生活のほぼあらゆる局面の土台になっているようだ。周囲の人々との接し方、従業員の採用と解雇、学校の成績制度、犯罪と懲罰の考え方、さらには両親と子供の関係を方向づける。また、誇りと罪悪感、気くばりと仲間意識の源でもある。人や社会を理解するためにこれほど重要なこの考えを、捨てることなどほとんど想像できない。

しかし神経科学の新たな発展の陰で、そのきわめて重要な自由が、あるいは自由と考えられているものが、危機に瀕している。自分には意志があるという感覚、私たちがよく知っているその感覚は、生物学的機構によってつくられた錯覚であり、自分の将来をどうするかについては、坂をころがり落ちる石と同じように私たちに発言権はないことを、神経科学が実証するおそれがある――すでに実証したと言っている人もいる。

この主張が正しいと証明され、人が何を選択するかは神経作用のルールによって決められるというモブレーの弁護団の論拠が支持された場合、道徳的行為主体性というものを、世の中における道徳の位置づけを、私たちはどう理解すればいいのだろう？　この疑問は自分がどういう存在であるかの核心を突くものなので、それをじっくり見つめることは、自分自身をより深く理解するためにも、すべての人にとって大切なことである。

第2章 意志はころがり落ちる石なのか

神経科学者は悪魔か

「現代は神経科学の時代――脳の理解が目覚ましい進歩によって飛躍的に広がる時代である」と、ＭＩＴ（マサチューセッツ工科大学）の脳・認知科学部の学部長、ムリガンカ・スールは言う。[1] この二、三〇年、神経科学の分野は急激に拡大した――新たな研究者、新たな調査、そして新たな発見が急増しているのだ。私がこれを書いている時点で、神経科学会の会員数は四万人に近づいている。神経生物学の発見だけに焦点を絞っている雑誌が三〇〇を優に超える。[2] 科学的なものもそうでないものも、さまざまな調査の流れが脳の研究に集まりはじめている。ある研究者は、こう書いている。

これから可能となる研究や、すでに行われた研究は、単にこれまでの研究の延長ではなく質的に変化していると述べている。脳についての一般的な知識に基づいて、神経科学は今や私たちを人間らしくしている特質へと初めて首を突っ込みつつある。その特質とは、創造し、計算し、共感し、思い出し、計画を立てる能力をさしている[3]（サンドラ・アッカーマン『脳の新世紀』中川八郎・永井克也訳、化学同人）。

神経科学はおそらく最も発展著しい最先端科学であり、日々進歩をとげている。神経科学を用いたうそ発見器が法廷に進出しつつある。義肢が脳につなげられ、ニューロン群の活性化によって動かされる。化合物が私たちの頭をすっきりさせ、人格を変える。この分野の研究者たちは一歩進むたびに、私たちのあらゆる思考と行動を指図しているのは、本人にはどうしようもない脳の機械的な相互作用なのだと確信を強めているようだ。

なぜ、神経科学の台頭が人間の行為主体性を脅かすのか？　その答えは、実験室で行なわれている最近の研究はもちろん神経科学の原理も、「神経生物学的決定論」と呼ばれる立場を支持していることにある。これは、人間の思考と行動はすべて脳内の状態によって引き起こされる、あるいは決定されるとする考え方である。

比較のために、自然界における決定論の例を考えてみよう。あなたは険しいとがった山の頂にいるとしよう。地面はところどころ草で覆われている。岩があちこちに散らばっていて、小石もあれば、土から鋭く突き出ている石もあり、大きな岩石もある。斜面には腐りかけた丸太や、ゴツゴツした木の根っこや、土の塊も散見される。この山頂で石を放り投げたらどうなるだろう？　あなたの手から離れたとたん、石は完全に行き当たりばったりのように思える一連の事象に巻き込まれる。最初はまっすぐころがり落ちるが、そのあとあちらへこちらへと曲がっていく。岩にぶつかったり、木の根に当たったりしながら、スピードを上げて斜面をころがる。ぬかるみを滑り、丸太で跳ね返り、くるくる回転しながら草地を通り抜けて、最後に山のふもとを過ぎたどこかで止まる。

石が斜面をころがり落ち、しかるべき場所で止まる動きを予想するすべはないように思える。石の動きは不規則に見えた。でも、ほんとうに不規則だった？　大部分の人は予測できなかったと言うだろう。その理由は、石をそのように動かした膨大な数の変数があったからだ。石の大きさ、形、重さ、初期速度、どういうふうに投げられたか、斜面の険しさ、土の固さ、途中にある障害物の数と種類、その他さまざまな要因である。しかし、石があなたの手を離れた瞬間に、あらゆる動き――ぶつかったり、曲がったり、回転したり――は、その瞬間の条件によってすでに決まっている。その条件が正確にどういうもので、それが石の動きにどう影響するかをあなたは知らなかったので、石がどう動いて、どこで止まるかを予測することができなかったのだ。

では、石や山や障害物について、さらにはすべての要因がどう相互作用して石を山のふもとまで導くかについて、関連する情報をすべてあなたは知っていたとしよう。斜面をころがり落ちる石の動きは物理法則で決まるので、関係するすべての条件と、さらには石に関連する運動の法則を知っていれば、あなたには石がどう動いて、どこで止まるかがわかるはずだ。石の動きは決定している。

この決定論の仮定は科学界で多くの実を結んできた。物理学者にとって、放物運動、衝突、弾性、波と流体、電気、惑星の動きなど、可視的なスケールの粒子に関するほぼすべてが、決定論にもとづいて理解される。化学者は以前からずっと決定論を前提に化学反応を把握している――重曹と酢を適切な条件のもとで混ぜ合わせると、必ず発泡性のものができるという具合だ。生物学者は、タンパク質の合成やＤＮＡの複製のような体のプロセスをすべて、決定された一連の事象としてとらえる。

私たちの脳のなかで相互作用する因子は岩や根っこではなくて、何十億というニューロンや神経伝達物質その他の化学物質である。ニューロンとそのシグナル伝達分子は物理法則にしたがうので、脳の作用は決定している一連の事象として追うことができる。ニューロンは電気インパルスを発火することによって、隣のニューロンにシグナルを伝える。そのインパルスの発火は、細胞と周囲の電圧差によって起こる。その電圧差は、たとえば細胞の外のほうが内よりもナトリウム濃度が高いというように、膜の内外にイオン勾配があることで起こる。この勾配を生むのは、イオンの通過を許すべく開いたり、現状を維持するために閉じたりするイオンチャンネルの働きだ。このチャンネルと連動して働くのがナトリウム＝カリウム・ポンプと呼ばれるエネルギーを消費する機構で、ナトリウムイオンを送り出してカリウムイオンを引き入れるために二つの構造の間のスイッチになっている。イオンチャンネルとポンプの働きは、隣接するニューロンによって生み出される電気的または化学的シグナルによって引き起こされる。そのシグナルは電圧差とイオン勾配と、ポンプとチャンネルの働きに支えられている。この一連の神経生物学的事象はそれぞれ、前の事象によって引き起こされるのだ。

この因果関係の連鎖をふまえて、自然界のほぼあらゆるシステムと同様、脳も決定しているシステムだと神経科学者は主張する。したがって、脳のアウトプットは先行するプロセスによって決定している。私たちの選択、願望、信念、思案——すべてがニューロンの通信で決まる。

私たちの決断が、石の運動を支配しているのと同じ一連の物理法則によって決定されるのなら、私たちが下す決断は、どれも下すことができる唯一の決断ということになる。石と斜面についての十分な情報を与えられれば、物理学者が石の運動を予見できるのと同じように、あなたの脳に関する十分な情報を与えられれば、神経科学者はあなたの思考と行動——あなたの未来——を予見できることになる。科学者のピエール・ラプラスが、一般的決定論について次のように書いている。

ある知性が、与えられた時点において、自然を動かしているすべての力と自然を構成しているすべての存在物の各々の状況を知っているとし、さらにこれらの与えられた情報を分析する能力をもっているとしたならば、この知性は、同一の方程式のもとに宇宙のなかの最も大きな物体の運動も、また最も軽い原子の運動をも包摂せしめるであろう。この知性にとって不確かなものは何一つないであろうし、その目には未来も過去と同様に現存することであろう[4]（ピエール・ラプラス『確率の哲学的試論』内井惣七訳、岩波書店）。

しばしば「ラプラスの悪魔」と呼ばれるこの考えの核心は、普遍的決定論を含んでいることである。宇宙で起こるすべての事象が先行する条件で決定されるのなら、その先行条件を見つけることができれば、どんな事象も予見できることになる。本書に関係するのは神経生物学の決定論だけだが、その比較的限定された観点においてさえ、ラプラスの悪魔は存在する。あなたの脳の活動とそれに関するすべての化学反応式を完璧に知っていれば、あなたが何を考え、どう行動するかをはじき出すことができるというのだから、神経科学者を悪魔になぞらえることができる。

はっきりさせておくべきは、決定論の概念は運命や運命論のそれとはまったく異なるということだ。どれくらいちがうかを理解するのに、有名な昔の寓話が役立つだろう。あるバグダッドの商人が召使いを市場に使いにやる。召使いは帰ってくるが――

顔は真っ青で震えている。「ご主人さま、たったいま市場にいましたとき、人混みで女にぶつかりまして、振り向くと、私にぶつかったのが死神だとわかりました。彼女は私を見て、脅すようなしぐさを見せたのです。ですから馬を貸してくださいまし。そうしたら私はこの町から逃げ出して、自分の運命をかわします。サマラに行けば、死神には見つからないでしょう」。商人が自分の馬を貸すと、召使いはその馬にまたがり、横腹に拍車を当て、全速力で駆けて行った。

どういうことか知りたいと思った商人は、みずから市場に出向き、そこでうろついている死神を見つけて尋ねた。

「なぜおまえは今朝、私の召使いに会ったとき、脅すようなしぐさを見せたのだ?」「あれは脅すしぐさではない」(と死神は言った)。「驚いただけだ。バグダッドで会ったことにびっくりしたのだ。なにしろ今夜、サマラで会うことになっていたのだから」[5]

サマラまで走ろうが、太平洋の島まで船を出そうが、大きな穴を掘ってそのなかにうずくまろうが、召使いは死神に会う運命なのだ。彼の運命を阻止するためにできることは何もないし、それができる人もいない。四月一七日にメイプル通りのレストランで理想の男性または女性に会うことが運命づけられているなら、あなたが何をしようが、世界で何が起こっていようが、きっとそうなる。もしあなたが逆方向に車を走らせていたら、運命があなたをUターンさせる。あなたが迷惑している隣人のネルソンは今日は死なないと運命が命じているなら、あなたが一二口径の銃で何回撃っても、彼は生きている。運命とは、その場の状況がどうであっても運命づけられている出来事は起こるという、宗教的あるいは形而上学的な観念である。

それに対して決定論は、運命についてではなく因果律についての言説である。人間の行為が決定しているということは、それがもっぱら脳内で前に起こった事象によって引き起こされるということだ。

さらに決定論は、ある意味で、私たちの行為は数学的プロセスの結果であると言っている。人間の認知作用は決定しているシステムなので、その働きは厳密に数学的原理の観点から理解できるというのだ。脳内の特定の原因は必ず、心または行為に特定の結果を生む。二足す三は必ず五であるのと同様、前頭葉の興奮と扁桃体の活性化が合わさると必ず、特定の思考または行動が生まれる。脳の活動の変数と公式が人の決断を生み出し、行為をコントロールするのだ。

決定論者は人間の認知作用を工場と考えるように提案する。原料が送り込まれ、組織的に加工され、製品が反対の端から出てくる。心の工場の原料は、感覚受容器によって受け取られる一連の刺激である。つまり、私たちが見るもの、聞くもの、かぐもの、味わうもの、感じるもの、さらには蓄えている記憶と知識。このバラバラの記憶と感覚の素材が神経による加工の組み立てラインを進んで、最終的に思考または行為という製品がつくり上げられる。

行為を生み出すために必要な膨大な数のタスクは、脳の巨大な処理インフラ全体に広がっている。低次のプロセスの結果は高次のプロセスに送られて解釈される。各レベルは厳格なルールにしたがって稼働している。工場の機械にルールが組み込まれている——装置の各部品は決まったやり方で動く——のと同じように、脳にも厳しい操作手順がある。電子機器ならぬニューロンでできた加工装置なのだ。心臓は血液を体に効果的に分配するためのシステムであり、肝臓は胆汁を産生して生化学反応を調整するためのシステムであるのと同じように、脳は行為を生み出すシステムである。決定論者によると、体内のほかのあらゆる器官と同じで、脳も人間が生きて行くのに必要なものをつくり出すよう設計された工場なのだ。

たとえば、溺れている見知らぬ人を救うために、荒れ狂う川に飛び込む人のことを考えよう。もし決定論者が正しいなら、その行動は頭のなかの工場で行なわれる手順どおりの処理によって生まれる。川からの叫び声や水中に認められる人影などの刺激が送り込まれ、大脳の体性感覚皮質、後頭葉、聴覚皮質を活性化する。そのあと海馬と内側側頭葉で処理が始まる。記憶――急流、危険、溺れる、死、救助――が解き放たれる。感情――自分がけがする恐怖、失敗する不安、義務感――が入り込む。ホルモンが生成され、体中に放出される。皮質の下で、扁桃体と前帯状回が点火して処理を始める。これらの要因はすべて、意思決定のアルゴリズムに組み込まれている。男は川に飛び込むべきなのか？　前頭葉で歯車が回転している。問題に気づいてすぐに彼の脳は活動を始め、何百万という細かい計算をして、道徳的な答えを生み出す。そして救助者は川に飛び込む。

神経科学者に関する限り、これが脳と行為の関係を考える最も合理的な方法である。たしかに、科学的研究とぴったり一致する説明のように思える。しかし神経生物学的決定論は、少なくとも表面的には、道徳的行為主体性にとってやっかいな含みがあるようだ。私は自分の脳内の相互作用を知らないしコントロールもできないが、その相互作用が私の決めることを決定するなら、私が下す決断はどれも自由ではない。もし私の決断が自由でなくて、単にアルゴリズムの実行によって生み出されるのなら、私はその結果に責任を持てない。私の熟考、思案、感情、そして決断は、決定論のルールのなすがままである。私は斜面をころがり落ちる石にすぎない。

決定論とランダム性

決定論はあらゆる自然現象に対する最も一般的な見方だったが、一九二〇年代に現われた量子力学という物理学の一分野が受け入れられて、状況が変わった。[6] そのころコペンハーゲンで、ニールス・ボーアとヴェルナー・ハイゼンベルクが原子内の電子の動きを理解しようと取り組みはじめた。彼らの研究から出てきたものは、科学界全体に衝撃波を送った。ハイゼンベルクはボーアのもとで、人は電子の正確な位置と運動量を同時に知ることができないことを発見したのだ。従来の原子モデルは電子が核の周囲を決まった軌道で回るものであり、いつでも電子の位置はわかると理解されていた。この原子観を打ち砕いたのが「ハイゼンベルクの不確定性（非決定性）原理」である。どんなに精密な測定装置を使っても、電子がどこにあるかを正確に知ることはできない――どこにありそうかを知ることしかできない――というのだ。その理由は、量子レベルというこのきわめて微細なレベルでは、粒子どうしの相互作用は決定していない――ランダムである――ことにある。私たちに知ることができない事実が世界にあることが初めてわかった。しかしアルベルト・アインシュタインはこれを信じられなかった。彼はこれらの粒子の動きを決定するなんらかの原因、あるいは「隠れた変数」、ハイゼンベルクとボーアが見落としている何かが、あるにちがいないと考えた。そして「神が宇宙とサイコロ遊びをすることを選ぶとは、私には信じられない」と言っている。[7] しかしそれ以降、不確定性原理は何度も立証された。量子の非決定性は事実である。現在、非決定論あるいは「ランダム性」があらゆる物理的相互作用の基盤だというのが、主要な科学的見解である。

これは私たちの疑問にとって何を意味するのだろう？　それは誰に問うかによる。多くの人が何の意味もないと考える。彼らがそう言うのは、量子力学の原理は世界中のすべてがランダムだという意味ではないからだ。ランダム性は量子レベルを支配しているかもしれないが、明らかに人間、生物、あるいは細胞の相互作用のレベルではちがう。量子論によると、ビリヤードのゲームで私が正確に玉を前方に向けて突いた場合、玉が横に行く可能性もわずかにあることになる。その可能性はごくごく小さいが、それでもゼロではない。私がバスケットボールを落とした場合も同じだ。ボールは出発点より低いところに跳ね返ると私たちは予想する。しかしやはり量子力学によれば、出発点より高いところまで跳ねる可能性が、ばかばかしいほど小さいけれどもあるのだという。

たしかに、量子論は私たちが関係しているレベルの物理事象を理解するのに、重要な役割を果たさない。もっと言えば、この理論が含むランダム性は、道徳的責任のケースにも役に立たない。私たちの問題は、自分のすることがすべて脳内の事象で完全に決定されるなら、私たちは自分の行動に道徳的責任を負えないことである。しかし、それがランダムな事象によって引き起こされる場合も、私たちは自分の行動に責任を負えない。ランダムな決定していない一連のニューロンの相互作用が救助者を川に飛び込ませたと仮定しても、彼はやはり責任を負うことができない。本人が知らないしコントロールもできないランダムな事象のせいで彼は飛び込んだのであり、したがって称賛にも値しない。そういうわけで、決定論と非決定論（ランダム性）と責任を、次のように関係づけることができる。

①神経生物学的決定論が真実である場合、私たちがやることはすべて、もっぱら先行する生物学的事象によって引き起こされるので、私たちは自分の行動に道徳的責任を負うことはできない。
②非決定論が真実である場合、私たちの行動はランダムであり、私たちはそれに道徳的責任を負うことはできない。
③神経生物学的な決定論または非決定論のどちらかは真実である。
④したがって、私たちは自分の行動に道徳的責任を負うことはできない。[8]

しかし、量子論は人間が行なうことすべてがランダムであることを意味するものではないので、ここではまだそれを問題にする必要はない。量子力学は人間の行為を説明するのにはあまり役に立たないし、道徳的責任の意味するところを変えるものでもないので、いまのところは脇に置いておける。それは量子のアプローチが重要でないからではなく、その関連性がこの時点では明らかでないからだ。本書でもあとでこの話題に立ち返る。

いまのところ私たちの課題は、神経生物学的な決定論が道徳的行為主体性に対しておよぼす予期せぬ影響を考えることだ。神経科学の台頭は、私たちはそれぞれ自分の行動をコントロールしているという長年の前提に疑念の影を落とした。脳の研究は、私たちが単なる生物学的な自動人形《オートマトン》であり、決断を生成する工場であり、神経生物学的なエンジンによって考えや行動を強いられていることを示しているようだ。神経科学によると、私たちは自分の行動に道徳的責任がないというのか？　道徳的責任についての合意は、人は自由に下した決断にしたがって行動するという原則から引き出されているので、私たちが探究するべき次のステップは、その自由と言われているものの本質を深く掘り下げることである。

第3章 二つの対立する答え

女神ヘラの呪い

迫りくる神々と巨人の戦いに備えて、神ゼウスは自分に勝利をもたらしてくれる人間の戦士が必要と考えた。そこでテーベにおもむき、正体を隠してテーベの女王の夫になる。ゼウスは彼女とのあいだに息子をもうけ、その息子が英雄のなかの英雄、ヘラクレスとなる。[1]

ゼウスの妻である女神のヘラは、夫が人間の女性と浮気をしたことに激怒し、彼の新しい息子を迫害すると決意した。ヘラはヘラクレスのなかに激しい狂気をかき立て、そのせいで彼は自分の妻と三人の息子を殺してしまう。この残虐な行為に対する償いとしてヘラクレスは、九つの頭をもつ大蛇を殺すこと、人食い馬をとらえることなど、一二の過酷な務めを果たすよう宣告される。

ヘラクレスは自分の家族を殺した罪で罰せられたが、ほんとうに彼に責任があったのか？　たしかに殺害を犯したのが彼の手だったことは、目撃者の誰もが証言するだろう。しかし、ヘラクレスの心はヘラの復讐の呪いをかけられていたのだから、彼に家族殺害の責任はないと言いたい気がする。殺人を犯そうと自由に決めたわけではないし、その決定を実行しようとみずから決意したわけでもない。自分にはどうしようもない力のせいで殺人を犯したのだから、ヘラクレスは自分の自由意志で行動したのではないと言える。自分の自由意志で行動したのではないのだから、彼に責任を問うのは公正でなかった。つまり、ヘラクレスは九つ頭の大蛇と対決する必要はなかったと結論づけられる。

少なくとも現代の考え方では、ヘラクレスの行動は自由意志によるものではなく、ヘラの呪いによって引き起こされたものなので、彼は家族殺害の責任を負わされるべきではなかった。[2] しかし現代でも、なぜ彼に自由意志がなかったと言えるのかについては、さまざまな説明がある。この疑問に対して、現代の哲学は二つの対立する答えを出している。意識的なコントロールにもとづく考え方と、ほかに取りうる選択肢にもとづく考え方だ。

前者の答えを支持する人によると、家族を殺すというヘラクレスの行動は彼の意識によって始められたわけではないのだから、彼はその行動を決定するのに自由意志を使っていない。行動するかどうかについて意識的に熟考する能力は、自分ではどうにもならない力によって踏みにじられていた。ヘラクレスに自由意志がある通常の状況下では、彼は行動する前に自分の決断をじっくり考えただろう。「おれはほんとうに家族を襲いたいのか？　みんなあんなにいいやつらだ。たしかに、うっとうしくなることもあるけれど、それが殺す理由になるか？　彼らは生命保険にも入っていないぞ」。彼の決断がどうであったにせよ、頭のなかでじっくり考えるチャンスだけでなく、自分が選んだ行動を意識して始める能力がヘラクレスにあったのなら、それは自由に下された決断だった——思考にいっさい邪魔が入っていない。

この観点からすると、自由意志とは「意識を有する自己が持つ思考と行動をコントロールする能力」である。あなたはペンを取りたいとしよう。心のなかで考える。「もうたくさん、これ以上は耐えられない！　あのペンを取るぞ」。あなたの腕は伸びて、指がペンをつかんで持ち上げる。自由意志は二度、関与している。最初はペンを取ると決心するとき、二度目は手を動かすとき。どちらの場合も、どうするかを指図しているのはあなたの心だ。行動する意図をはっきりさせ、決断したことを実行するよう手に命令するのは、あなたの心の働きである。

ペンを取るという決断は深く考える必要がない場合が多いが、それでもそんなふつうの状況下においても、自由な意志による行動である。それについて熟考する機会があるからこそ、自由な行動である。あなたがその決断をじっくり検討し、決断にしたがってみずから行動するのを妨げるものは何もない。もっと言えば、熟考しないのも意識のあるあなたの自己であり、あなたが選ぶことだ。使うことにするかどうかに関係なく、熟考する能力と行為を開始する心の働きが組み合わさって、自由意志を構成している。

では、ペンに手を伸ばしている人がアメリカの大統領だとしよう。彼はデスクにすわり、政治家や記者に囲まれている。そのペンを取ることは大統領と国にとって非常に重大である。なぜなら、彼は目の前にある法案に署名して、新たな教育計画への資金を調達するための増税に同意することになるからだ。しかし彼は署名をしたいのか？　彼はそうするのがベストだと信じているが、そうするなという重い政治的圧力がかかっている。彼は頭のなかで熟考する。この計画は全国の学校の質を上げるだろう。アメリカの次世代への投資だ。しかし増税はどうだろう？　世論調査によると、党員のほとんどはこの計画にひどく怒っている。税金の無駄使いだと言う人が大勢いる。このペンを取って文書に署名することで、有権者は離れていくだろうか？　こんどの選挙はどうなる？　こんな観点から考えるのは正しくないかもしれない。ただ顧問の言うことに耳を傾けるほうがいいのかもしれない。

大統領には自由意志がある。彼の決断はランダムではないし、外部の力によって引き起こされるものでもない。関連する問題、すなわち自分の過去と未来、人間関係、評判、国の幸福に対する配慮を、慎重にじっくり考えた結果である。この注意深い内省すべてが、ほんのつかのまの彼の手の動きで終わるのだ。

これまで説明してきた考え方では、自由意志は心の力であり、人の知的能力が損なわれていない限りは存在する。決断を熟考したり、行動を意識して始めたりする大統領の能力をはばむものは何もないので、彼には自由意志がある。この考え方の擁護者に言わせれば、彼に自由意志がない状況は、なんらかの力が彼の心をコントロールしているか、彼の心を無視して意識的同意なしに行動を引き起こすような状況だけである。たとえば、神経外科医が大統領の脳の運動野で電気インパルスを発火させ、文書に署名するように筋肉を刺激したとしたら、それは自由な行動ではない。神経疾患によるもののような無意識の痙攣のせいで彼が法案に署名をした場合も、その行動は自由ではない。夢中歩行などの無意識状態にあるときに行なった署名にも、大統領は責任を負うことはできない。自分の行動を意識的にコントロールする能力がなければ、大統領もヘラの呪いをかけられたヘラクレスと同じようなものだ。

それにしても、どの状況もまれである。人はめったに夢中歩行しないし、マインドコントロール用の電極を持って走りまわる狂った神経外科医も、たしかにごくわずかいるが、けっして多くはない。しかしこの考え方のとおりに、あらゆる人間の行動の自由意志を無効にできるけしかけ役がいる。それは脳だ。もし神経生物学的決定論が真実なら、私たちの思考と決断を決めるのは脳である。脳が心をコントロールする。今日の考え方では、人の心をコントロールする力がある場合、その人は自由意志を持てない。自由意志を行使するのは、決定論的なルールや因果の力の影響をまったく受けていない、意識のある行為主体でなくてはならない。自由意志は神経生物学的決定論とは相いれないのだ。

脳に心を決めさせるのは、呪いに心を操らせるのと似ている。ヘラの呪いをかけられているあいだ、ヘラクレスに家族殺害の責任はなかった。その行動が自分でコントロールできないニューロンの事象によって決定されていたら、やはり責任は負えなかっただろう。同様に、大統領の決断が脳によって起こったのなら、彼は自由に法案に署名することはできなかった。どちらの場合も、本人の意識ではなく脳内の相互作用が、ヘラの呪いと同じように行動を起こさせる力だったのだ。自分自身が意識して行為を始めたのでなければ、どちらにも自由意志はない。

自由意志は思考と行動を意識的にコントロールする能力からなっているという考え方は、ニューロンが行為を決定するという神経生物学の主張と相いれないようだ。自由意志の概念は、決定論の考えと責任の観念の板挟みになっている。決定論は自由意志を脅かし、自由に行なわれたのでない行動には誰も責任を負えない。道徳的行為主体性を攻撃することは、自由意志を攻撃することである。道徳的行為主体性を守ることは、自由意志を守ることである。道徳的行為主体性に味方するにしても敵対するにしても、その戦いの場に自由意志が立つ。

ほかに取りうる選択

もうひとつこれと対立する自由意志の考え方があり、自由意志はじつは決定論と両立しうるとしている。この考えはいみじくも「両立論」と呼ばれていて、たとえ思考と行為はすべて脳が引き起こすとしても、人には自由意志があると主張する。[3] もし正しければ、この見方では私たちのジレンマは無意味になる。神経科学はじつは自由意志や道徳的行為主体性を脅かさないということだ。戦いは必要ない。

意志についての私たちの説明は基本的に決定論と両立しないように思われるが、両立論者はまったく矛盾がないと考える。どうしてそんなことが可能なのだろう？　なぜなら、両立論者は自由意志を独自に定義しているからだ。自由意志は意識の能力ではないと主張する——そもそも能力ではないのだ。思考や行為のコントロールとは無関係で、選択権の有効性と関係がある。

両立論者によると、自由意志があるということは、ほかに取りうる選択肢があるという意味にすぎない。「ほかの望みや考えがあったのなら、ちがう行動を取ることができた」という意味だ。たとえば、あなたはアイスクリームのチョコレートとバニラのどちらかを選んでいて、チョコレートに決める（そうするべきだ）。両立論者によると、あなたがチョコレートアイスを自由に選んだのは、あなたの心が行動をコントロールしたからではなく、バニラを選ぶか、どちらも選ばないかという選択肢があったからである。あなたがほかの代案を取ることを邪魔するものは何もなかった。もし望んでいたなら、ほかのものを選ぶこともできた。あなたには選択肢が二つ以上あったのだ。

では、アイスクリームの選択肢を提案している人が、あなたの頭に銃を突きつけて「チョコレートのアイスクリームを選べ、さもなければ死ぬぞ」と言ったとしよう。両立論者に言わせれば、このシナリオでは、あなたはチョコレートアイスを選ぶことを強制されたのだから、それは自由な選択ではなかった。頭に銃を突きつけられることが、事実上ほかの選択肢を、ひいてはあなたの自由意志を排除したのである。

同様に、教育法案に署名するかどうかの大統領の選択は、署名するかしないかという複数の選択肢があるのだから、自由な選択である。しかし誰か狂った教師が法案を支持しなければ殺すと脅していたら、大統領の選択は自由ではなかった。

ところがヘラクレスの場合、両立論者も彼は自由にみずから家族を殺したのではないことに同意する。私たちの説明では、その理由はヘラが彼の意識的な熟考を妨げて、彼に殺人を犯させたからというものだった。一方、両立論者は、その理由はヘラクレスにほかの選択肢がなかったからだという——もし望んでも、彼はほかの行動を取れなかったのだ。

両立論者の主張によると、実際にやったこと以外にやりようがなかったときは自由意志はない。脅しであれ、物理的障害であれ、単に選択肢がないことであれ、理由は関係ない。この考え方が意識のコントロールにもとづく考え方とどうちがうか、きちんと理解するためにもう二つの例を考えよう。

私があなたを部屋に案内して、椅子にすわらせたとしよう。そして、誰かが来てあなたに話をする予定だが、あなたは彼と会うか、それとも部屋を出るか、選択できると告げる。しかし私があなたに教えないことがひとつある。椅子には超強力接着剤が塗ってあって、あなたが立ち上がろうとしても、すわったままでいるしかないのだ。ゲストが到着して、彼はあなたの旧友であることがわかり、あなたは喜んですわったまま彼と話す。あなたはとどまって話をするほうがいいから、立ち上がろうとしない[4]。

この実例で、あなたは意識的にすわったままでいることを決めた。しかし、もし立ち上がりたかったとしても、そうできなかっただろう。あなたはすわっていると決めるのに自由意志を使っているのだろうか？　両立論者は使っていないと言う。あなたは意識的にすわっていると決めたが、その決定は自由に下されていない。なぜなら、もしあなたがちがうことを望んでも（もしあなたが友人と話すことを望まなかったとしても）、できなかったからだ。私たちの見方ではあなたはすわったままでいると決断するのに、たしかに自由意志を使っている。あなたの心は自由にあなたの体をすわらせ、友人と会話をさせているのであって、それが実際に起こっていることだ。そのときあなたの席に接着剤がたまたま塗られていることは、あなたの意志の性質には関係がない。たしかに、あなたにほかの選択肢はないが、それは選択肢が限定されている問題であって、意志が限定されている問題ではない。

最後にもうひとつ例を。ブラックは非道な神経外科医で、次の選挙で共和党の候補者が確実に勝つために、ひそかに党に雇われている。ブラックは患者のひとりのジョーンズが民主党に傾いているのではないかと疑う。ジョーンズの脳の手術のとき、ブラックは政治的思想を監視する装置を挿入する。その装置は無線でブラックのコンピューターにつながっていて、ジョーンズの投票意図に関する考えをすべて外科医に送る。さらにその装置を使ってブラックは、ジョーンズの脳の神経活動を中断させ、代わりに異なる一連の神経活動を始めさせることができる。投票日、ジョーンズは投票用ブースに入る。ジョーンズの脳を監視しているブラックは、もしジョーンズが共和党に投票することを選んだら、何もしないことに決める。しかしもしジョーンズが民主党に投票することを選んだら、ブラックはコンピューターを使って、ジョーンズに共和党への投票を強制する神経発火の手順を開始させるつもりだ。

ジョーンズは共和党に投票することを選び、ブラックは何もしない。[5]

この例は先ほどの例と似ている。人は邪魔されることなく意識して行動の決定を下すが、ほかに取りうる選択肢がないことに気づいていない。結果として生まれる行動はひとつしかない。ジョーンズは共和党に投票するのだ。それさえわかれば、両立論者はジョーンズがそのように投票することを自由に選んでいないと断言する。それに引きかえ、自由意志は意識的な能力であると考える人たちは、ブラックはジョーンズの心の作用にまったく干渉していないし、ジョーンズは決定を下しているあいだ夢中歩行をしていないし、脳に損傷はないし、電気的刺激も受けていないので、たしかに自分の自由意志で行動していると断言する。

もちろん、ジョーンズが民主党に投票することを選び、ブラックが彼の心の働きに干渉して共和党に投票させていたら、ジョーンズはそのように投票することを自由に選んでいないと、私たちも同意する。しかし彼は共和党に投票し、彼の思考と行動に関する心のコントロールを邪魔するものは何もなかったのだから、彼の自由意志は完全に存在した。

自由意志に関する両立論者の見方は、決定論と連動している。なぜなら、行為主体がほかのことをするのを妨げる障害が何もない限りは、決定された行動は自由であると主張しているからだ。チョコレートアイスを選ぶのは、あなたの神経生物学的機能が決めたことかもしれないが、それを選ぶようあなたに強制したり、バニラアイスを箱に入れて鍵をかけ、その鍵をのみ込んでしまった人がいたのでない限り、あなたの選択は自由だった。

対決すべき問題

両立論は私たちのジレンマを解決するのだろうか？　私はそうは思わない。自由意志の問題を考えるとき、私が知りたいのは、私の行為をコントロールするのが私の意識にある願望なのかどうか、石が斜面をころがり落ちる動きが環境によって決まるのと同じように、私の行為は脳によって決まるのかどうか、である。両立論の主張する自由意志とは、私たちが行動するとき、ほかに取りうる選択肢があるというだけのことだ。これが「自由」という言葉を解釈するひとつの方法であることはたしかだが、疑問には答えていない。別の定義を示しているだけである。

私としては、自分が決断するときの周囲の状況に興味はない。誰かが私の頭に銃を突きつけて、何かを盗むよう強制するのであれば、私はその行動の責任は自分にないと主張するかもしれないが、私が自由に盗んだことはたしかだ。自由意志とは、たまたまどんな選択肢があるかに関係なく、自分の心がどの程度行動をコントロールするかの話である。

両立論を受け入れることは、自由意志の問題があることを全面否定することだ。両立論の自由意志は、意思決定するときにほかに取りうる道があるというだけの意味である。この考えと決定論に矛盾はない。たしかに、すべての行動はもっぱら先行する条件によって起こるのだが、別の先行条件ではちがう行動を取ることができたのであれば、あなたは自由に行動したことになる。したがって、両立論者は「自由」という言葉を「起こる」または「決定する」に対応させているのではなくて、「無理やりに」または「ほかに取りうる道がない」と対比している。[6] この考え方からすると、私たちが行動するときの意図や意志の感覚は重要でない。私は以前からずっと、この考え方は自由意志問題を解決するのではなく、それを避ける道と認識している。哲学者のジョン・サールは次のように書いている。

人びとが「いまこそ自由を」と要求するプラカードをかかげて通りを行進する場合、ふつうその人びとは因果の本性について考えているわけではない。彼らはただ「政府は我々のやることに介入しないでくれ」など、せいぜいそんなことを要求しているのだ。それもまた自由という概念の重要な使い方であることには疑う余地がない。だがそれは自由意志の問題の中心的な概念ではない。少なくともいまここで問題にしているものではない。問題はこうだ。「因果的な十分条件――決断と行為が生じるであろうことを決定するのに十分な条件――は、すべての決断と行為に先立つものなのか？」「人間や動物の合理的なふるまいの順序は、ペンがテーブルへ落下するさいペンに作用する重力やその他の力によって運動が決定されるのと同じように決定されるのだろうか？」。この問いに両立説は答えられない[7]（ジョン・R・サール『マインド：心の哲学』山本貴光・吉川浩満訳、朝日出版社）。

科学の完璧な因果律をすんなり信じられる立場でありながら、人間の自由という発想も含まれているという理由で、両立論を受け入れることを選ぶ科学者が非常に多い。あなたも両立論を信じるなら、あなたがうらやましい気もする。あなたはこの葛藤の重みから自由になれて、これ以上読む必要はない。そうでない人たちには、対決すべき火急の問題がある。

神経生物学的決定論によると、自由意志と道徳的責任が存在すると信じるのはまちがいのようだ。ヘラの呪いがヘラクレスの行動を引き起こしたように、私たちの脳内にあるニューロンの相互作用が、私たちの思考と行動を引き起こす。道徳的であれ不道徳であれ、行動の責任を問われるのは私たちではなく、私たちのニューロンらしい。ヘラがヘラクレスの心をコントロールしたように、ニューロンが私たちに呪いをかけているかのようだ。これが道徳的行為主体性に対する神経科学の脅威である。

大部分の科学者にとって、神経生物学的決定論を支持する論拠はとても強力で、自由意志は幻想である。意識のある行為主体性とは、神経科学の重みの下で崩壊する時代遅れの概念であり、人間の意思決定のあらゆる局面は、坂をころげ落ちる石の運動を支配しているのと同じ決定論的メカニズムで説明できることを、神経科学は示している。トマス・ハクスレーは次のように書いている。

> 意識は……体のメカニズムと単にその機能の副産物としてかかわっているだけで、その機能を変える力をまったく持っていないようだ。機関車の仕事にともなって生じる汽笛が、その機構に何も影響しないのと同じである。精神と体の関係は、時計のベルとその仕掛けの関係と同じで、意識はベルが打たれるときに出す音に反応する。……私たちは意識のある自動人形《オートマトン》なのだ。[8]

この難題に直面して私たちがいま問うべきは、そもそもなぜ問題があると思っているのか、である。なぜ私たちは自由意志や責任とのつながりを放棄して、神経生物学的決定論の説得力に屈しないのだろう？　なぜなら、道徳的行為主体として意識の深さを経験して、決定論者が説いている以上のものがあることを知っているからだ。

第4章 頭のなかの嵐

ジャン・ヴァルジャンの自問

腹をすかせている家族のために食べ物を盗んだ罪で一九年間投獄されていたジャン・ヴァルジャンは、自由な人間として新たな生活を始めようとしている。ところが、黄色い通行証のせいで服役囚として目をつけられ、町人たちに排斥され、路上で寝ることを余儀なくされる。そんなヴァルジャンを司教が自宅に迎え入れ、食べ物と寝る場所を提供してくれて、彼の運が上向く。その夜、ヴァルジャンは司教の銀食器をいくつか盗んで逃げ出すが、すぐに警官に見つかって司教の家に連れもどされる。ヴァルジャンが驚いたことに、司教は警官に「銀食器は私がヴァルジャンに贈ったのだ」と話す。そのうえ、燭台のセットを持って行くのを忘れていると、ヴァルジャンを叱る。警官が去ると、司教は燭台と引きかえに正直な人間になることをヴァルジャンに約束させる。

自分を恥じたヴァルジャンは、仮釈放中だったが逃亡して町を出る。そして別人を名乗り、モントルイユ＝シュル＝メールの町に落ち着く。町の主要産物である黒いガラス玉を製造する新しい効率的な手法を発明したおかげで、ヴァルジャンはあっという間に業界のトップにのし上がる。町にはホームレスと貧困者があふれていて、ヴァルジャンはふんだんに慈善寄付をしたり、仕事のない人たちを自分の工場で雇ったり、貧しい人たちを助けるためにあらゆることをする。そして慈善家として高く評価され、子どもを火事から救ったことで、モントルイユ＝シュル＝メールの市長になる。

そんな人生の絶頂期に、（町では別の名で知られていた）ヴァルジャンはやっかいな知らせを受け取る。シャンマチューという男がジャン・ヴァルジャンとして逮捕されたのだ。もし有罪となれば、この無実の男は仮釈放中逃亡の罪で投獄される――ヴァルジャン自身が世間に自分の正体を明かして、シャンマチューの濡れ衣を晴らさない限り。どうしようもない道徳的ジレンマに陥ったヴァルジャンは、自分の心の内を見つめて、どうするか決断するために、気が狂いそうなほどあれこれを熟考する。

最初に考えるのは、自分の人生のトラブルはすべて解決していることだ。

おれはいったいなにを恐れているのか？　なにをこんなふうに思案しなくてはならないのか？

おれは助かった。万事片づいたのだ。これまではたったひとつだけ半開きのドアが残っていて、そこからおれの過去が今の生活に侵入してくるかもしれなかった。そのドアが今や壁でふさがれたのだ！　永久に！……おれがあれほど長い年月待ち焦がれてきた目的、夜ごとの夢、天に祈ってきたもの、身の安全、それがやっと叶えられたのだ！　そう望まれたのは神なのだ。では、なぜ神はそう望まれたのか？　それはおれがはじめたことをやりつづけるため、おれが善行を積むため、いつかおれが偉大で、ひとを勇気づける模範になるため、おれが耐えたあの贖罪とおれが立ちもどったあの美徳に、やっとすこしだけ報いがあったとみんなに言われるためなのだ！[1]

（ヴィクトル・ユーゴー『レ・ミゼラブル』西永良成訳、ちくま文庫。以下同）

ヴァルジャンはこの結論にほんの一瞬満足するが、すぐに自問しはじめる。どうしてそんなごまかしを続けられるだろう？「他人からその存在、生活、平和、日の当たる場所を盗もうとしているのか！　おれは人を殺そうと、ひとりの哀れな男を精神的に殺そうとしているのか！」[2]。無実の男が有罪宣告を受けているのに、どうして黙っていられよう？　それは司教と約束した人生とはちがう。正直な人間になると誓ったのだ。いま司教は何と言うだろう？　この犠牲を払うこと、つまり無実の男を救うために自分が逮捕されることが、自分の義務だとヴァルジャンは決断する。

しかし考慮すべき別の要因もある。ヴァルジャンは再び自分の考えに疑問を投げかける。これまでの理屈ではとても重要な事実を無視していた。

おれがまた徒刑場にもどされる。これはいいとしよう。ではそれから？　ここではどんなことが起きるのか？　ああ！　ここにはひとつの地域があり、町があり、いろんな工場、産業があり、労働者たち、男や女たち、年取った祖父たち、子供たち、貧しい人たちがいる！　おれがこれらすべてをつくり、生かしてきたのだ。煙突から煙が出ている家があればどこでも、おれが暖炉に火種を、鍋に肉を置いてきた。おれがこの安楽と流通と信用をつくったのだ。おれ以前には、ここにはなにもなかった。……おれが立ち去れば、すべてが死んでしまう。……もしおれが自首しなかったら[3]？

何千人もの従業員を見捨てて失業させるわけにはいかないと、ヴァルジャンは気づく。自分の助けがどうしても必要な家族すべてを置き去りにはできない。だいたい自分はほんとうにジャン・ヴァルジャンなのか？　ちがうかもしれない。自分は新しい人間になったのだ。そしてシャンマチューはどうだ？　前に盗みを働いている。リンゴを盗んだのだ。たしかに彼はジャン・ヴァルジャンではないし、仮釈放中逃亡もしていないが、前科がないわけではない。

人生もろもろ経験してきたあとで——これほど善行を重ねてきたあげくに——どうして暗い監獄に自分を閉じ込めることができよう？　一九年も孤独を経験したのに、どうしてこれ以上耐えられよう？　決断を下すことの激しい苦痛に身悶えて、ヴァルジャンは、家にあるかつての自分を思い出させるものをすべて壊しはじめる。片っ端から暖炉に投げ込み、最後に司教の燭台を手に取る。それをじっと見つめて、ヴァルジャンはもう一度自分の考えを振り返る。昔、彼は正直な人間になると約束した。いま、その約束を守るのか？[4]

ヴィクトル・ユーゴーの傑作小説『レ・ミゼラブル』の「頭のなかの嵐」という章で、ヴァルジャンは自首するかどうかの決断に苦悶する。その決定で影響を受けそうな人全員について考え、当然、自分には責任を負えない影響があることも自覚している。ヴァルジャンは問題を道徳的にも個人的にも、さらには町の人々にかかわるものとしても分析している。自分の人生経験を振り返りながら選択肢を考え、思いつく限りの結果を熟考する。ヴァルジャンは自分が見落としてしまう事柄もたくさんあると認識している。さらに、自分が検討している一連の事実では足りないこともわかっている。自分が置かれている状況の細かいところは知らないことも多い。彼は従来の道徳規範を承知しているが、この場合、それをどう当てはめればいいのかという難しい問題に困惑している。もちろん、約束は守られなくてはならず、正直な人間になるという司教との約束も例外ではないが、ここでの正直な選択とは何なのだろう？　それがはっきりしない。シャンマチューは仮釈放中逃亡の罪で投獄されるべきではないが、ヴァルジャンはどうなのか？　仮釈放中逃亡はふつうは悪いことだが、それは仮釈放そのものが不公平でない場合の話である。仮釈放中、ヴァルジャンは自立した生活にもどるための公正なチャンスを与えられなかった。追い払われ、虐待されたのだ。その状況から逃げ出した罪で罰せられるべきなのか？　おそらく制度がまちがっているのだ。警察をあざむくことは一般には悪いことだが、そのルールはこの場合に当てはまるのか？　ヴァルジャンは町にいることで人々を貧困や窮乏や死から守っている。

限りのない問題

ヴァルジャンが考慮しなくてはならない問題や懸念はたくさんある。一見、行動の二者択一と思われても、じつは解決策が幾つもあるかもしれない。自首するのではなく、警察に匿名の情報を送ることもできる。本物のジャン・ヴァルジャンはまだ外にいることを示す証拠を、裁判所の入り口にひそかに届けることもできる。ジャン・ヴァルジャンは自殺して、どこかの海底に眠っていることを示す方法が見つかるかもしれない。リストはまだまだ続く。

ここで取り上げているのは、私が「限りのない問題」と呼ぶものである。ヴァルジャンが適切な行動を明確に推定するための確立されたルールはない。方程式と確率を使って、問題を数学的に表現することはできない。ひとつには未知数が多すぎるし、単純な確率できちんと表せないシナリオが多すぎる。さらに、経験や直感、感情、あるいは人の価値など、決断に組み込まれなくてはならないものを定量化する合理的な方法もない。

結局、さまざまな選択肢を検討したあと、ヴァルジャンは自首することに決める。いままでそのことに触れなかったのは、彼が熟考した結果は、熟考そのものほど重要ではないからだ。疑問に対する答えはコイン投げであっさり出すこともできた。乱数発生ができるコンピューターなら、一瞬で答えを出せたかもしれないが、もちろん、それでは真の道徳的な熟考はなかった。私たちの知る限り、じっくり考える能力、きわめて切実な道徳的問題について意識して熟考する能力は、少なくともいまのところ人間だけに備わっているものである。ヴァルジャンが問題を概念化しているやり方は、神経生物学者が反証できない限り、意識あるものにしかできないと思われる。彼は心の威力を用いて、頭のなかの嵐を乗り切ることができる。

彼は自分の内なる思考の世界をさまよい、とくに興味深いと思う心の領域についてじっくり検討できる。あらゆる知識と経験から、自分の決断に組み込むべき関連性の最も強いものだけを選ぶことができる。自分の思考をこちらの領域からあちらの領域へと動かし、抽象的な道徳の原則と自分が目にする具体的な出来事のような、本質的に異なる概念を結びつけることによって、考えを整理し直せる。熟考することによって、ヴァルジャンは自分の心理構造を広げたり縮めたり、あるいは変えたりすることができる。自分自身の内側を見ることができる。自分自身の考えをじっくり検討し、自分の論法を疑い、さらに自分の論法への疑いを問いただすことができる。ヴァルジャンは道徳的内省を行なうことができる。

ジャン・ヴァルジャンが決断するときに行なった意識的な熟考の深さは、彼に意志の自由があることを思わせる。自首するという彼の決断が、たとえばコンピューターのアルゴリズムによる計算のように決められたのなら、彼がやっているように問題をじっくり検討できるようには思えない。決定論は数学的アルゴリズムのように、変数を厳格な一連のルールにしたがって操作する。物理学、化学、神経科学はすべて、そういうふうに働いている。しかしヴァルジャンの熟考は、そのようなルールにしたがっているとは思えない。どうして彼の内省がルールにもとづいたものになりえよう？　私はこれを「道徳的内省の問題」と呼ぶことにする。

ヴァルジャンの道徳的内省を神経生物学的に説明してみよう。もちろん、脳に関する私たちの知識は、完璧な説明ができるほどにはまだ進歩していないが、大まかな考えをつかむよう試してみよう。まず、感覚受容器のおかげでヴァルジャンはシャンマチューの判決の知らせを知覚することができる。受容器はニューロンのシグナルを発火して脳に送り、脳は受け取る情報を表現する。すぐにヴァルジャンは問題があることを認識する。

ニューロンの活動が海馬、扁桃体、帯状回で、[5]視床下部（脳の基底部の近く）と基底核の一部で、そして眼窩前頭野と呼ばれる目と目のあいだの領域全体でわき上がる――それはつまり、ヴァルジャンが感情の波を経験するということだ。[6]同時に、ニューロン系が反応の処理を始める。ニューロンの相互作用は、ヴァルジャンの前頭葉および、基底核や帯状回前部、そして下頭頂皮質（側頭葉の上の領域）などの関連領域で増幅される。これらのメカニズムがアウトプットを生み出す。すなわち、自首するという決断だ。神経活動はヴァルジャンの脳の運動野に進んで動きを引き起こすので、彼は裁判所に向かって歩き出す。

これがおおよそヴァルジャンの脳内で起こっていることだと考えよう。決定論者の主張では、このシステムの働きがジャン・ヴァルジャンに熟考させる、あるいは少なくとも熟考していると信じ込ませるものである。山の地表がそこをころがり落ちる石の動きを決めるのと同じように、心のない脳内の神経回路がコンピューターの電気回路のように働いて、ヴァルジャンの意識的な内省を引き起こすことがありえるのだろうか？　彼の心の状態を数学の方程式として、生物学の工場の製品として表現できるのか？　そんなことはありえないと信じる人もいる――ルールとアルゴリズムに支配されている決定系が、ヴァルジャンのやっているような意識的内省を実現できるはずがない、と。自由意志の要素、道徳的行為主体性の要素が、働いているにちがいない。

意識のない神経系から、いかに意思決定力のある主体が生まれるか

しかし疑問なのは、特別な意思決定力のある道徳的行為主体性が、どうやってコンピューターのように意識のない神経系の機構から生まれるのか、である。二つのまったく異なる満足できない答えが考えられる。ひとつは神秘論的、ひとつは科学的なものである。

神秘論的な答えは、一面として行為主体性をもつ人間の意識は根本的に脳とは異なる別物だというものである。この考えは「二元論」と呼ばれ、身体にまつわるものと意識にまつわるものとは別の種類の実体であって、別のカテゴリーに属していると見なす。この考え方は一七世紀の哲学者、ルネ・デカルトに端を発している。二元論の考えの基盤は、心は身体的なものとはまったく異なるようだという観察結果である。デカルトは、体がなくても存在している自分を想像できると言った。彼にとって自分の腕、脚、頭と、自分の考え、願望、感情には根本的なちがいがあることは明白だった。そし

て、心は呼吸や消化のような単なる機械的な体の作用ではないと結論を下した。

それ以降、二元論は理論として発展し、いまだに大勢の哲学者に支持されている。デカルトの見解はどうかというと、彼と彼の二元論への信念はいまや科学界の嘲笑のたまり場になっている。意識の科学に関する議論があるときは必ず、デカルトの愚かな誤った認識が持ち出される。[7] 神経科学者の主張によると、心と体を区別することは、人間の体をコントロールする非物質的な意識を有する「霊」または「魂」のようなものがあることを意味する。哲学者のギルバート・ライルが「機械のなかの幽霊」と揶揄するように呼んだ概念である。[8]

二元論の新たな論述も、ひどく非現実的で科学を知らないことの表れだと非難される。私はそれほど厳しくないが、二元論が理論として通用しないことに個人的に賛成だ。しかし二元論は、意識についての純粋な直観を用いて私たちのジレンマを解消しようとしている。心と体は別だと考えれば、自由意志と道徳的行為主体性は存在するとあっさり断言できる。意識が脳とは別々の非物理的実体であるなら、私たちの決断は脳によって決まるものではない――物理過程が非物理的事象を決めることはできない。

二元論が問題を解決すると考える人もいる。しかし私の見解では、神経科学分野の発展は二元論が強い立場にないことを示している。裏づける科学的証拠のない疑わしい概念なのだ。本書では二元論を疑問への答えとして認めない。

別の説明を提案する人もいて、そちらは科学の原理とも矛盾しない。それは「創発」あるいは「創発特性」という概念である。創発とは、システムはパーツの合計より大きくなりうるという考えを指している。化学元素のナトリウムと塩素を考えてみよう。コップの水にナトリウムの塊を投げ入れると、激しく爆発する。[9] もしあなたがコップ一杯の塩素を飲んだら、その毒性で死ぬだろう。しかしこの二つの元素の化合物である塩化ナトリウムは、いつも私たちが食べ物に入れているもの、すなわち食塩である。爆発しない特性あるいは毒でない特性が、有毒のパーツと爆発性のパーツの組み合わせから創発する。同様に、ナトリウムも塩素も塩辛くはないが、二つの組み合わせは塩辛い。塩辛さはナトリウムと塩素の組み合わせによる創発特性である。

創発特性は自然界のあちこちに見られる。油はベトベトするが、それを構成する化学元素はそうでない。砂糖は甘いが、その成分には甘さのかけらもない。ベトベトしないものからベトベトするものが創発し、甘くない成分から甘さが創発するのと同じように、意識は意識のないニューロンの相互作用の創発特性である、と提唱する科学者もいる。ニューロンには意識も行為主体性もないが、たくさんのニューロンを一緒にして、適切に相互作用させると、そこにはパーツの合計以上のものが現われる。

創発特性の概念は、二元論に頼ることなく、脳の働きと異なる心を表現できると言われている。意識問題のさまざまな面に取り組む多くの神経科学者は、意識の創発説を受け入れている。この説を支持する実験的証拠を必死で見つけようとする人もいる。[10]

意識はほんとうに脳の創発特性なのか？　そうかもしれない。たしかに、この説のほうが二元論よりましだ。しかし現状では、創発論は自由意志と道徳的行為主体性の議論には役に立たない。なぜだろう？　理由は簡単だ。創発特性はパーツの合計以上かもしれないが、「それでもそのパーツによって決まる」。塩化ナトリウムはその成分であるナトリウムと塩素とはまったくちがう特性を持っているかもしれないが、だからといって塩化ナトリウムの塩辛さが不確定なわけではない。たとえ何があっても、ナトリウムと塩素を化合させると、その結果は塩辛く、無毒で、水に入れても爆発しない。塩化ナトリウムの特性はその成分の特性とは異なるが、それでも成分によって決定している。

ベトベトするのは炭素と水素と酸素と硫黄からなるある種の組織体の創発特性だが、これらの成分の相互作用によって決定する特性である。炭素、水素、酸素、硫黄はどれも、それ自体は甘くないが、しかるべき比率と構造で互いに結合すると、物理法則によって甘さという特性が創発すると決まっている。

創発特性の概念は問題に対するうまい解決策であり、自由意志を救う方法のように思われるが、結局のところ、決定論の支配から逃れる道を教えてはいない。この考えを道徳的行為主体性の擁護に応用できるのは、意識がニューロンの相互作用から創発するとき、決定していない特性が生まれることが示された場合に限られる。もしこの説が正しければ、道徳的行為主体性が決定している脳の働きから生まれる可能性があることを意味するが、これは議論されるべき主張である（そして私はそのような意見について議論するつもりだ）。

一方で私たちには、ますます説明不能になってきているジレンマとの戦いが残されている。決定論者の立場からすると、ヴァルジャンの一見すると意識的内省に思われるものは問題である。なぜなら、脳の決定しているプロセスとはかなりちがうプロセスのようであり、決定論者はいずれ説明されると強く主張しているが、いまのところ神経生物学的に説明できないからだ。決定論者は、道徳的行為主体性によって導かれるこの内省が私たちの行動をコントロールするものであることを否定するしかない。道徳的行為主体性の立場にとっての問題は、その明らかな脳への依存をふまえて、自由意志がどうして可能になるのかを解明することである。

決定論者のほうから始めよう。私たちの行為はすべて、もっぱら脳の事象によって決定されると言うのは簡単だが、それを実証できるのか？　もちろん、決定論者が明らかにすべきことは多い。道徳的行為主体性の見かけの力は自然界に比類がないように思われ、自由意志に帰するとも言われる並はずれた特性を持つシステムは知られていない。ヴァルジャンがひどく困難な状況に立ち向かうことができたのは、心の内を見つめて意識して熟考したからこそであり、その熟考は無限であるのが特徴だというのが、ヴァルジャンの物語についての一般的な理解である。限りのない問題に直面し、たくさんの未知数と計り知れない複雑さに圧倒され、自分の経験と直感、そしてみずからの内省以外に頼れるものはないなかで、彼は自分の課題を把握し、状況に最もふさわしい解決策にたどり着くように、自分の心的能力を引き出し、内面の豊かな知識を利用することができた。思考と決断はすべて実際にニューロンの相互作用で決められると私たちを納得させようとするなら、自由意志や行為主体性のかけらもなしに、そのすべてがどうして起こりうるのかを説明する主張でなくてはならない。

このような議論が道徳的行為主体性に終止符を打つかどうかを知るためには、私たちはその議論をみずから確認し、私たちの自己イメージにどう影響するかを判断する必要がある。その時点で、道徳的行為主体性に対する脅威の核心、すなわち現代の神経科学で実証されている事実、私たちの疑問を生み出した大きな進歩に注目する。主要な神経科学者の主張をひとつずつ検討し、それが道徳的内省の問題をどれだけ説明するかを判断していくつもりだ。それぞれについて、その証拠の強さ、その論拠の安定性、その意味するところの妥当性を評価しなくてはならない。これからの各章で、人は自分の行動をコントロールしている――ジャン・ヴァルジャンのように私たちには自分の思考と決断の嵐を意のままにコントロールする力がある――という信念に対し、また別の攻撃がしかけられる。この砲撃を受けても、道徳的行為主体性は最後まで持ちこたえるだろうか？

第5章 抑えられない衝動

いきなり友人を罵倒する

あなたが通りを歩いていると、旧友のエディー・ディーヴァーがこちらに向かって来るのが見える。大学時代、シェイクスピアを読むのが好きだったやつだと、おぼろげに覚えている。向こうは笑顔で手を振っている。あなたのところまで来ると、彼はまたほほ笑んで握手を求めてくる。あなたは彼に元気だったかと尋ねる。そのとき突然、彼の表情が変わって、こう言う。「おまえは悪臭鼻つく、ハトみたいに気が弱いやつさ！」

不意打ちだ。

ディーヴァーはなおも続ける。「おまえはどもりで、なんでもなめまわす、ごろつき！　毒気の立ち込めるうすぎたない野郎！　心は犬なみで、抜け殻で、花を食い荒らす虫けら！　不快で不吉なキイチゴさ！」
あなたはこの悪口雑言にひどく傷つき、まともに反論せずに友人から離れる。彼とは二度とつき合うまいと心に決めて。ディーヴァーはあなたに無礼を働いた。あなたは彼がそんなふるまいを自由に選んだと思っているので、彼はその行為に責任があると考える。しかしこの場合、あなたはまちがっている。

ディーヴァーは通りであなたに近づいたとき、親しげに愛想よくしようと固く決意していた。あなたにあいさつし、礼儀正しく会話をするつもりだった。ところが握手を求めたとき、あなたを侮辱したいというこらえきれない衝動が彼を襲った。その衝動と闘おうとしたが、それはますます強くなる。しまいには努力もむなしく彼は自制心を失い、シェイクスピアの罵り言葉が放出された。そして自分が発した言葉を聞いたとたん、ディーヴァーは自分があなたを傷つけていることに気が動転した。さらに、自分が無礼を働く原因となった脳の損傷について話すチャンスがないまま、あなたが行ってしまったのが残念だった。

脳の損傷のせいで、ディーヴァーの意識的に行動しようとする能力は低下している。彼は「自由意志を失った」、あるいは少なくともかなりの部分を失ったと言えるだろう。

ディーヴァーがあなたを侮辱する自分を止められないのは、「トゥレット症候群」と呼ばれる障害を負っているからだ。トゥレット患者の特徴は、運動や音声（言葉）が突発して反復される「チック」が認められることである。運動チックは不随意の体の動きで、周囲を仰天させることもある。たとえば、首を振る、肩を動かす、顔をしかめる、さらには自傷行為もありえる。音声チックはでたらめに音を発するものから、「汚言症《コプロラリア》」と呼ばれるものまで幅広い。この名前はギリシャ語で「糞便」を表わすコプラと「話」を表わすラリアに由来する。トゥレット患者は衝動的に冒涜《ぼうとく》的な言葉を叫んだり、人を侮辱したり（ただしふつうはシェイクスピア流ではない）、その他不適切なことを言ったりする。患者は自分のチックを、どうしても表出してしまう抑えようのない衝動だと表現する。

それにしても、ディーヴァーの脳の何が悪くて、彼に行儀の悪いふるまいをさせるのか？　トゥレットの原因は大脳基底核と呼ばれる、脳の前部に近い皮質の下にある神経核群の問題である。この障害は大脳基底核と前頭葉とのコミュニケーション不足から生じるという説を立てた研究者もいる。[1]ディーヴァーの脳内のこの問題は、彼の行為をコントロールする能力に影響し、そのせいで彼はあなたを侮辱した。

自由意志と道徳的行為主体性への反対論を組み立てるのに、ディーヴァーのような事例に訴える人もいる。その反対論は次のようになるだろう。損傷を受けた脳がディーヴァーの侮辱行為を決定しているのだから、健康な状態の脳は彼の正常な行為を決定しているにちがいない。したがって、ディーヴァーの行為全体が脳の状態によって決定される。ディーヴァーの行為は意志や行為主体性、あるいは熟考の問題ではない。大脳基底核と前頭葉のような脳の部位間の相互作用だけで決まる。この主張の有効性を評価するためには、そうした見解の勢いを強めている科学的根拠、すなわち臨床例を検討しなくてはならない。

患者の脳損傷と意識される意志の機能不全との相関を示す症例が、医学界にはたくさんある。たとえば、特徴的な体の震え（振戦）がよく知られるパーキンソン病を考えよう。一般にパーキンソン患者は、手に抑えのきかない震えが見られる。これは明らかに患者がみずから始める動きではない。パーキンソン病についてあまり知られていないのは、認知機能の問題がともなう場合もあることだ。パーキンソン振戦にともなって、注意を向ける、状況を判断する、社会的手がかりを解釈する、衝動を抑える、といったことが難しくなるとわかっている。

体を意図的にコントロールできない問題がはるかに明白なのは、ハンティントン病、またの名をハンティントン舞踏病である。「舞踏」とは、この病気の症状である抑えのきかない痙動を指している。もうひとつのさらにドラマチックな例は、「他人の手症候群」である。本人にそうする意志がないのに、患者の手が近くにある物を勝手につかむのだ。場合によっては、患者はつかんだ物から手を放すことができず、そのためにもう一方の手を使わなくてはならないこともある。ある患者は、自分の「他人の」手に大声で叫ぶことによって、つかんでいる物を放させることができた。[2] 自分の「他人の」手に絞殺されそうになったと言う患者もいる。[3]

やめられない人々

ここまで、脳の損傷が原因で人はどのような不随意の動きを示すかを見てきたが、健康でない脳と健康でない意志とのあいだに見つけられる関係はこれだけではない。脳損傷は意志障害のように思われる多種多様な症状に表われる。ここでは行動の開始、行動の抑制、そして意志の実感などの問題を検討するつもりだ。このようにたくさんの例を示すことによって決定論者は、機能障害脳と機能障害行為との相関関係から自由意志が存在しないことがわかるという主張を強固なものにできる。

ハムレットの悲劇的な欠点は「意志の弱さ」だとよく言われ、それは想定されている彼の人格の一面である。しかし、精神障害による意志の弱さがあると見なせる患者が現実にいる。痛ましい例は「無動無言症」と呼ばれる症候群で、患者は動くことも話すこともしない。目を開けてすわり、周囲で起きていることがわかっているように見えても、意志の疎通を図ったり、意図的な行為を実行したりすることができない。

ある五七歳の患者の場合、身体能力を見る限りは正常に話したり動いたりできるはずだと、検査は示していた。[4] 筋肉の制御はどこも悪くない。痛い刺激からとっさに手を引っ込める。物が目の前をさっと過ぎるとまばたきをするし、周囲の人や物の動きを目で追うこともできる。患者は周囲の出来事をはっきりわかっているが、医師が面談しようとすると、医師のほうをまっすぐ見ているのに、質問や指示には反応しない。ベッドを離れようとせず、自分で食事をとろうとしない。

この病気は前頭葉の一部への損傷から起こるもので、その脳領域の機能障害と意志によるコントロールの深刻な機能不全のあいだに因果関係があることをはっきり示している。意志によるコントロールとは、すなわち行動を開始する能力である。しかし人間の行為主体性は私たちに行為を始める能力だけでなく、抑制する能力も与える。このことをよくわかっている決定論者は、この能力も神経生物学のメカニズムから生まれることを示唆する臨床例を指摘する。

たとえば、ウラジーミルはモスクワで工学部の学生だったとき、サッカーボールを拾うために線路に出て列車にはねられた。この事故で彼は前頭葉にひどい損傷を受け、そのために実行機能も損なわれた。ウラジーミルは指示にしたがうのに苦労するという点では、前頭葉損傷のほかの患者と似ていたが、別のもっと興味深い症状も呈していた。いったん始めると、その指示にしたがうのをやめるのに苦労したのだ。紙に円を描くように言われても、ぼんやりすわったままなので、検査官が彼の手をつかんでそっと押して始めさせる。すると彼は円を描くのだが、そのあと次々と描く。検査官が彼の手を取って、紙から引き離すまで描き続ける。

このように彼が行為を抑制できないことを示す例はほかにもあった。ウラジーミルが次の簡単な物語「ライオンとネズミ」を繰り返すように言われたときのことだ。

　一頭のライオンが眠っていて、その周囲を騒ぎながら一匹のネズミが走り回っていました。ライオンは目を覚まし、ネズミを捕まえて食べてしまおうとしましたが、情けをかけることにしてネズミを逃がしました。数日後、ハンターがライオンを捕まえてロープで木に縛りました。ネズミはそのことを知って駆けつけ、ロープを噛み切ってライオンを解放しました。

この物語をもう一度話すように指示され、ウラジーミルは言った。

だからライオンはネズミと友だちになりました。ネズミはライオンに捕まりました。ライオンはネズミを絞め殺したかったけれど逃がしました。ネズミはライオンの周りで踊りはじめ、歌を歌い、そして解放されました。その後、ネズミはライオンやいろんな動物に……家に迎え入れられました。そのあと彼は解放され、言ってみれば捕まっていなかったわけで、まだ自由でした。でもその後、彼は完全に解放されて、自由に歩いて……

この時点で検査官が割って入り、ウラジーミルに終わったのかと訊いた。彼は「まだです」と答え、取りとめなく話し続けた。

それで、ライオンが彼の話を聞いたあと彼はライオンに完全に解放されて、四方八方どこにでも自由に行けました。彼は逃げずに、洞穴に残ってそこで暮らしました。そのあとライオンがまた彼を捕まえ、しばらくして……正確には覚えていません。そして彼を捕まえて、また解放しました。今度はネズミはそこを出て、自分の行きつけの場所に、自分の部屋に行きました。ネズミは長々と自分の部屋についてしゃべります。そこには別のネズミがいます。そこでネズミはそいつに扉を開けて……何て名前でしたっけ？　やあ！やあ！元気かい？　オーケー、だいたい準備はできているよ。きみに会えてうれしい。ぼくにはアパートがあって……家があって……部屋がある。大きいほうのネズミが小さいネズミに訊きます。元気かい？　調子はどう？[5]

やがて検査官は部屋を出て行った――私は彼を責められない。ウラジーミルは前頭皮質の損傷による精神障害を負っていて、そのせいで自分の行為を抑制する能力を失っていた。事故の前にはうまくいっていた行為の抑制は、前頭皮質の適切な働きによって決定していたのかもしれない。

この種の症候群でもっとなじみのある例は「強迫性障害」である。患者は自分のやっていることが不合理だとわかっていても、強迫行為をやめられない。たとえば、一日に何百回も手を洗ったり、自分の周りにあるものすべてを完璧な配列にそろえずにはいられなかったりする。強迫衝動がどんなものであれ、強迫性障害の人はそれに屈することをやめられない。そういう意味で、意志を用いて行為を終わらせるのが困難である点がウラジーミルと共通している。もうひとつウラジーミルと共通する特徴がある。前頭葉の問題だ。[6]

強迫性障害にともなう衝動は、本人の環境に関係なくつねに繰り返されるところが特徴的である。つまり、衝動的に手を洗う人は、洗面台や石けんがそばにあるときだけでなく、四六時中そうする必要性を感じる。手を洗う行動は必ずしも外部の刺激に対する反応ではないところが、次に紹介する衝動強迫とは対照的だ。

パリの病院のフランソワ・レルミット医師は、前頭葉に損傷のある患者が周囲の物や出来事によってコントロールされうることを実証して有名になった。[7] この現象は「環境依存症候群」と呼ばれることがあり、行動を自制する実行機能への損傷から生じる。ある実験でレルミット医師は、男女各一人の前頭葉損傷患者をベッドメイキングされていない寝室に一人ずつ連れて行った。女性患者は部屋に入ったとたん、そのベッドも部屋も前に見たことがなかったのに、すぐに大急ぎでベッドメイキングをした。

次に男性が部屋に案内された。彼はベッドを目にすると、知らないベッドだったにもかかわらず、駆け寄ってそこで昼寝をした（いかにも男性がやりそうなことだ！）。たしかに私もベッドに飛び込んで昼寝をしたい衝動をよく感じるが、私はその衝動を抑えることができるし、そのベッドが他人のものだったらなおさらだ。前頭葉損傷の結果、この二人の患者はそのように自制心を働かせる能力がなかったようである。二人はベッドの使い方を知っていたが、自分の状況を適切に判断すること（実行機能の重要な要素）ができず、時と場所にふさわしい行動ができなかった。

レルミット医師は、前頭葉損傷患者の一人との風変わりな出会いについても語っている。部屋の入り口近くにすえたテーブルの上に、医師は額入りの絵を金づちと釘と一緒に置いていた。患者は到着してそれに気づいたとき、もちろんそうするように言われてはいないのに、釘を壁に打ちつけて絵を掛けた。私がちょっと不安に思う例もある。レルミットは患者の前に注射針を置き、自分のズボンを下ろしてから、回れ右をして尻を患者に向けた。患者は実行機能不全のせいで、適切な行為――医者になぜズボンを下ろしたのか訊く、あるいは逃げ出して医師による虐待ホットラインのようなところに電話をする――をせずに、針を手に取って医師の尻に刺した。それにしてもこの場合、検査する側の精神の健康も、患者のそれと同じくらい疑わしいかもしれない。

レルミットの患者の利用行為は、環境依存症候群の一種である。ほかに「強迫性多弁」と呼ばれる症状もあり、これは否応なく無意識に発話をしてしまう障害だ。この症例は八四歳の女性のケースだが、彼女がもともと抱えていた問題は抑制できない模倣だけだった。[8] 担当医が手を振ると、彼女も手を振る。あごを触ると、やめろと言われたあとでも同じことをする。なぜみんなの真似をするのかと訊かれると、やらなくてはいけない気がするからだと答えた。

模倣行為は二週間後に消え、代わりに強迫性多弁が始まった。そのため彼女はつねに部屋のなかの物の名前を言い、出来事を説明する。医師があごを触ると、それを真似するのではなく、「先生があごを触っている！」などと叫ぶのだ。患者は介護者が言ったことを繰り返すのではなく、ひっきりなしに自分の周囲に見えるものを表現する。その行為を説明するように言われると、やはりそうしなくてはならない気がするのだと答えた。

「私」障害

ここまで、体を意志でコントロールできないさまざまな状態について論じてきたが、意識される意志のことで、まだ触れていない側面がある。それは、自分の行為をコントロールしていることをどう感じるか、である。意志による決断には特定の感覚や経験がともなうことは、誰もが同意するだろう。私たちは自分の手足に動くよう心のなかで命令していると感じる。たとえば、意図的に膝を曲げる感覚は、医者がゴム製ハンマーを使って起こす膝蓋反射のそれとはまったくちがう。自分の頭のなかのどこかに自分がいて、決定を下し行為をコントロールしているように感じている——少なくとも、大部分の人がそう感じている。しかし統合失調症の患者のなかには、まったく異なる意志を実感する人もいる。神経科学者はその症状の原因が脳生物学的障害にあると解明している——決定論者に言わせれば、これでまた、いわゆる「自由意志」のあらゆる側面が脳内のアルゴリズムによる決定論的プロセスとしてすべて説明できることが肯定される。

統合失調症は、しばしば不思議な幻覚を引き起こす病気だ。そのような症状のひとつに、「私」障害とでも呼べるものがある。[9]この症状が出ている患者は、自分の考えが自分のものではないように感じるようだ。自分の心はどこかほかの場所、自分の体から遠く離れたところにあるかのように感じ、自分の考えは誰かほかの人によって頭のなかに挿入されているように思っている。彼らはその感覚を表わすのに、「私のなかに入ってきた女性の魂に導かれている気がする」とか、「電子リモコンが私をコントロールしている」などと言う。

実際にはコントロールできないことを思考でコントロールできると患者が感じるような障害もある。車の動きを（運転せずに）コントロールできるとか、太陽の動きをコントロールできると主張するようだ。「ポジトロン放出断層撮影法[10]（ＰＥＴ）」と呼ばれる脳画像技術を用いて、この種の幻覚を起こす患者の研究が行なわれた。[11] この研究結果では、患者が意志で何かを動かしているあいだ、帯状回前部（脳の前部と上部のあいだ、表面のすぐ下）と右下頭頂葉（上右側、側頭葉のすぐ上）の活性化が示された。意外ではないが、このような患者によって表現される奇妙な意志の実感には、神経生物学的な原因が見つかったのだ。

あなたの友人でトゥレット症候群をわずらうディーヴァーの場合、もし障害がなかったら、正常な行為が健康な脳によって決定されていただろうと、科学者は考えるかもしれない。たぶんディーヴァーはあなたの生活や家族、あるいは関心事について訊いてきただろうが、それが彼の健康な脳によって決定されたという点では、侮辱が障害を負った脳によって決定されたのと同じだと言える。いずれにせよ、彼は自分の行為をコントロールできなかった。いずれにせよ、彼は自分の行動に道徳的責任を負えなかった。[12]

ここで論じてきた患者は全員、脳の特定部位への損傷と関係がありそうな意識的コントロールの機能障害を示している。決定論者に言わせれば彼らもディーヴァーも、人間は自分が選ぶとおりに考えて行動する力のある道徳的行為主体ではないことを示す証拠の宝庫である。自由意志という言葉は、かりに使うとしても、一連の脳の作用――電気インパルス、神経伝達物質の放出、シグナルの変換――を指すものであって、意思決定の意識的コントロールを意味するものではない。脳の一部を停止させることが自由意志を停止させるのだから、自由意志と思われるものは実際には脳のその部位の働きにすぎないはずだ、と決定論者は推論する。したがって人間の決定は自由ではなく、脳の決定論的アルゴリズムによって引き起こされる。

さらなる研究によって、ニューロンが行為を生むための正確なメカニズムが明らかになると、決定論者は強固に主張する。その複雑なプロセスをマッピングできるだろう。人間の意思決定は予測できるようになる。数学の方程式によって私たちの認知作用をモデル化できるようになる。意識される意志の秘密は脳のどこかに隠れている。見つけ出されるのを待っているのだ。

第6章 神経科学者の見解は間違っている

「意志の座」は前頭葉なのか

一七世紀の科学者にとって、火とさびの出現は説明できない不可思議な現象だった。たとえば、どんな特性のおかげで木片に火がつくのかと、あれこれ考えた。なぜ炎は一定の時間燃えたあと消えるのか、なぜ燃えている木は灰を残すのか、なぜ金属はさびと呼ばれる赤茶色のかすを出すことができるのか、そういう問題に科学者たちは取り組んだ。

科学界の困惑は何十年も続いたが、一六六七年、空白を埋める見込みのある説が生まれた。その説はもともとヨハン・ヨアヒム・ベッヒャーが提唱したもので、物が発火したりさびたりする能力は、含まれているフロギストン（古代ギリシャ語で「火の」を意味するフロギオスに由来）と呼ばれる物質から生じているのだとする。フロギストンは無色、無臭、無味なので、検出するのが事実上不可能だと信じられていた。可燃性の物質すべてに一定レベルのフロギストンが含まれている——だから火がつくのだ。たとえば木の板が燃えるとき、フロギストンが空中に放出される。燃焼が続くと、どんどんフロギストンが使われていき、最終的に木のなかに蓄えられていたフロギストンが枯渇すると、炎は消える。同様に、フロギストンが金属棒から失われるとさびが出る。さびた金属も、燃えて灰になった木も、「脱フロギストン化」するのだと考えられていた。[1]

それから一〇〇年近く過ぎてようやく、フロギストン説はまちがいだと認められた。のちに明らかになった真相では、燃焼と金属のさびは化学の酸化反応で説明できるもので、化合物からの電子消失がかかわっている。[2] 長年、何か目に見えず検出できない物質の結果だと思われていたものが、ごく自然な化学作用だと判明したのだ。いま思えばフロギストン説は稚拙な理論上のつくりごとであり、当時の化学や物理学の理解が限られていたことの表われだと、科学者は見ている。

現代の神経科学者の多くは、道徳的行為主体性に対して同じ非難をしている。フロギストンと同じで、意識をもつ行為主体性は神経科学が生まれるずっと前の大昔に理論として人々がつくり上げた、目に見えず検知できない力だと断言する。物理的な粒子とも化学的な化合物とも関係がないから目に見えない。その存在を特定する方法は私たちの知る限り、誰かに「自分は道徳的行為主体だと感じますか？」と訊いて、答えを待つ以外にない——が、これは真実を実証するための科学的方法ではない。

人間の食物消化のプロセスを研究しようとしたら、そうするための直接的な方法がいくつかある。すべてたとえば、死体を解剖して、胃や胆嚢、食道のような消化系の構成部位を見ることができる。すべての部位がどう協調するか、食道の筋肉組織がどうやって食物を胃のほうに押し出すために蠕動を行なうか、胆汁の化学成分がどうやって脂肪の分解を促進するのか、調べることができる。同じタイプの調べ方を循環系の研究にも応用できる。心臓の筋肉組織と血管網を調べれば、どのように血液が体中を流れるのかについて知る必要のあることがなんでもわかる。

しかし、このアプローチは行為主体性の働きには使えないようだ。ニューロンの構造や大脳皮質からは、まだ意志の秘密は何も明らかになっていない。科学的研究手法とは、観察された事象にもとづいてデータを集めることである。胆汁が脂肪を分解するとわかるのは、研究者が胆汁を脂肪酸と試験管のなかで混ぜ合わせ、結果を観察したからだ。ところが道徳的行為主体性の場合、観察できるものが何もない。人には自由意志や行為主体性があると主張することは、木の板にフロギストンが含まれていると主張するのと同じくらい、根拠のないことに思われる。

神経生物学者が提案する解決策は、人の意思決定についてのこの昔ながらの理論を捨てて、ニューロンモデルに置き換えることだ。さらなる研究によって脳内に意志の座が見つかることになる、と科学者は主張する。その日が来れば、「意志の自由」や「道徳的行為主体性」なるものは、私たちが自分自身のことをどう思っていようと、脳の関連部位にあるニューロンと化学物質との決定論的相互作用にすぎないと、結論づけるしかなくなるのだ。現在の神経科学の研究状況から判断すると、その日は予想よりも早く来るかもしれない。

意志の座を特定する第一歩はすでに踏み出されている。すなわち、意志が影響を受けていると思われる脳損傷の症例の分析である。研究者は特定の脳部位に損傷がある患者を調べることで、その損傷と患者の行動に表われる症状との相互関係を示すことができる。たとえば、三次元の物体知覚に問題がある三〇人の患者にスキャン装置を使った結果、ほとんどが後頭葉（脳の後方の領域）に損傷があるとわかれば、その領域の機能と視覚機能のあいだになんらかの相関があると推論できる。同じアプローチが、意思決定の仕組みを調べるのに用いられている。

トゥレット症候群、パーキンソン症候群、そしてハンティントン病は、大脳基底核と呼ばれる前頭葉に関係する神経核群への損傷から生じる。他人の手症候群は、前頭葉の一部である帯状回前部への損傷から生じる。無動無言症は前頭皮質の一部への外傷で引き起こされる。ウラジーミルを悩ませた症状の原因を探すと、前頭葉に負ったけがにたどり着く。研究者は環境依存症候群と強迫性障害を前頭葉の障害と結びつけている。統合失調症の研究によると、その奇妙な症状の原因はいくつかの脳領域の機能不全にあるが、そのひとつが前頭葉である。

意志の座は前頭葉なのだろうか？　可能性はある――有望でさえある――が、この見立てを裏づけるために、当然、研究者はそのシステムの働きをもっと深く掘り下げなくてはならない。いまのところ、神経科学者はだいたい前頭葉を実行機能の中枢と呼ぶ。研究者のいう実行機能とは、記憶に保存されている知識や目標を反映させた行動をコーディネートする脳の作用である。さらに、前頭葉は脳のほかの部位から受け取る情報を監視して評価する機能も果たす。これは脳作用のトップレベルであって、低いレベルのプログラムすべてと相互作用するコンピュータープログラムである。

私たちには実行機能はあるが自由意志はない、というのが神経科学の優勢な見方である。いわゆる「自由意志」は実際には前頭葉による決定論的な情報処理だという。多くの神経科学者はこの見方に賛成するにあたって、ただ自由意志の座が前頭葉にある可能性を指摘するだけである。彼らの主張によると、私たちが人間の行為主体性と考えるものは前頭葉の働きに依存しているので、「行為主体性は前頭葉の働きに等しいはずである」。そして前頭葉の働きはたしかに決定論的な実行機能のプログラムであり、それが私たちに自由意志を与えることはない。電気回路が照明装置に、オルガンの音栓がオルガンに、あるいはとんがり山がころがる石に、自由意志を与えないのと同じである。前頭葉の意志の座は、意志の終わりを意味する。

健康な脳が健康な行為を決定するとは限らない

意志の座が発見された時点で、あるいは現在でも、自由意志と道徳的行為主体性がどうなるのかをじっくり考えるとき、私たちが問うべきなのは神経科学者の主張が妥当かどうか、である。いつの日か研究者が脳内に意識的な意思決定を可能にするシステムを発見するとして、そうなったら、私たちが「自由意志」と呼ぶものはそのシステムの機械的作用にすぎないことになるのだろうか？

答えはノーである。ここには論理の誤謬があり、神経科学者の主張をもっと簡潔に表現するとわかりやすいだろう。

①私たちが「自由意志」と呼ぶものは、前頭葉の働きによって可能となる。
②したがって、私たちが「自由意志」と呼ぶものは前頭葉の働きと同じである。
③前頭葉の働きは自由ではない。
④したがって、私たちが「自由意志」と呼ぶものは自由ではない。

②の予備的結論は、①の前提からは得られない。神経学的に自由意志と相関するものが（前頭葉にせよほかの何かにせよ）あるという事実だけでは、自由意志が神経学的に相関するものと同じであるということにはならない。自由意志がもし存在するなら、それが脳によって可能となることには誰もが同意する。健康な脳がなくては、私たちに自由意志がないことは疑う余地がない。だからといって、自由意志は前頭葉の働きに等しいことにはならない――前頭葉の働きに依存しているだけである。

前述のような論理の誤謬は、自由意志と行為主体性の存在を反証しようとする科学者の試みに、驚くほどよくあるものだ。実際、本書でもこれまでに見ている。次の主張を考えてみよう。

①損傷のある脳は異常な行為を決定する。
②したがって、損傷のない脳は正常な人間の行為を決定する。
③人間は損傷のある脳か、損傷のない脳のどちらかを持っている。

④したがって、人間の行為は決定されている。

①はたしかに正しい。機能障害のある脳が機能障害行為を決定する場合があることを示す例を、ここでもたくさん見てきた。しかしだからといって、②の主張するように、健康な脳が健康な行為を決定するとは限らない。それは「車のエンジンが壊れていたらドライバーが下手に縦列駐車することは決定的なので、エンジンがきちんと動いていればドライバーが見事に縦列駐車することは決定的である」と言っているようなものだ。個人的経験から、そうではないと請け合える。

繰り返しになるが、脳の働きを人間の意思決定と関連づけるだけでは、私たちが行動するときに自由意志を使っていないことを証明するには足りない。それでわかるのは、私たちの思考と行為がなんらかのかたちで脳の働きに依存していることだけだ――そのことには疑問の余地はない。しかし、意識される意志が前頭葉に頼っているということは、私たちの脳が少なくとも意識的な意思決定プロセスに影響することを示唆するのもたしかである。しかし、その影響はどの程度なのだろう？　私たちはほんとうに、自分の行為をコントロールする力のある道徳的行為主体なのか、それとも脳にコントロールされているのか？

第7章

理性は情動に依存する

なぜ最悪の選択をしてしまうのか

ある夏の朝、ヴァーモント州でフィネアス・ゲージという建設工事現場監督が、ラトランド・アンド・バーリントン鉄道の線路敷設の仕事を始めた。具体的なゲージの仕事は、線路を敷く地面を平らにするために、その一帯の岩だらけの地形を爆破することである。岩に発破をしかけるために、ゲージはまずドリルで穴を開け、そこに火薬を詰める。次に導火線を差し込んでから、爆薬を包むように穴を砂で覆う。鉄の棒で穴のなかの砂を突き固め、穴をきちんとふさいで爆発が岩の外に向かわないようにする。

午後遅く、フィネアス・ゲージは爆薬をセットしはじめた。穴を開け、火薬と導火線を埋め込む。部下のひとりに穴を砂で覆うように指示する。そのとき誰かが後ろから彼に声をかけた。彼はちょっとのあいだ振り向いた。そして気を取られたゲージは、部下が穴を覆う前に、鉄の突き棒を直接導火線と火薬の上に押し込んでしまう。爆薬がものすごい勢いで爆発する。鉄の棒が吹き飛んで、ゲージの頭を突き抜け、三〇メートル以上向こうに落ちた。[1]

作業員が駆け寄ると、ゲージは二つの大きな穴から血を流して地面に倒れていた。穴のひとつは左の頬、もうひとつは頭のてっぺんだ。しかし驚いたことに、ゲージはまだ生きている。二、三回、短く痙攣したあと、彼は起き上がって話を始めた。すぐに病院に搬送され、医師は出血を止めて傷を治療することができた。感染症を防ぐことにも成功して、二カ月後、フィネアス・ゲージは治ったと宣言される。

ところが退院してすぐ、何かがひどくおかしいことが明らかになる。事故の前、彼はとても礼儀正しく勤勉で、責任感が強いことを誰もが知っていた。模範的な従業員であり、一緒にいてとにかく楽しい人だった。ところがいまのゲージはいつも意地悪く怒っている。もう社交術は見られない。ひっきりなしに口汚い罵り言葉を吐き、周囲の人を誰かれかまわず侮辱する。とくに重要なのは、ゲージが先のことを計画できないことだ。どう行動すべきかについて分別のある判断を下せない。代わりに、わけのわからない考えをすらすらと長いリストにして書くが、すぐに忘れてしまう。ゲージはきちんと決断する能力を失った。まもなく彼は鉄道会社から解雇される。友人たちがすぐに気づいたとおり、ゲージは「もはやゲージではない」のだ。[2]

この臨床例が神経学界で有名になったのは、あまりにも不可解だったからだ。事故の最中に起こった何が、フィネアス・ゲージの心をそれほど変容させたのだろう？　これからこの疑問に答えようと試みるとともに、道徳的行為主体性および意志の本質との強いつながりを見つけようと思う。

まず、事故でゲージの脳のどの部位が損傷を受けたかを把握しよう。爆発のとき、鉄の棒は彼の左頬を突きぬけて、頭頂部から出た。そのあいだを棒が通ったことで、ゲージの脳の「眼窩前頭皮質」と呼ばれる部位が跡形もなくなった。前頭葉の下のほう、目のすぐ上に位置する部位である。[3] 脳のこの部位についてはあまりよくわかっていない。わかっているのは、扁桃体や帯状回のような部位を含む情動作用処理の複雑なシステムに関与していることである。したがって、眼窩前頭皮質の主な機能は情動を誘発することだと言えるかもしれない。しかしゲージの問題は、単なる感情だけではないように思われる。通常よりも悲しいとか、怒っているとか、イライラしているだけではないようだ。社会的状況に対処する能力、合理的な考えを思いつく能力、適切に状況判断する能力、そして将来を計画する能力を失っている。つまり理性的な決断をする能力を失っているのだ。

先ほど、眼窩前頭皮質の主な役割は情動処理を促すことだと言った。ところがフィネアス・ゲージの脳のこの領域が破損したとき、その損傷が情動的な変化だけでなく、理性的な能力の消失にも表われた。研究者のアントニオ・ダマシオによると、この症例は人間の情動と理性の能力のあいだに強いつながりがあることを物語っている。

意思決定に関して、私たちは情動と理性の機能を区別しがちだ。合理的判断は理性にもとづいたものである。どう行動するべきかを評価するのに情動が関与しすぎると、結果としての決断はあまり妥当でなく、合理的でなくなると一般には考えられている。情動は的確な判断をはばむ壁であり、理性的な人はそれを克服しなくてはならないというのだ。

ダマシオはこの考えに反対している。理性は情動を克服すべきだという考えをしりぞけるだけでなく、さらに踏み込んで、理性は情動に依存していると主張している。私たちの意思決定のすべてではないにしても多くにおいて、情動は不可欠な役割を果たしている。一見、この考えは意外ではないかもしれない。私たちは始終、情動的な要素を含む決断をしている。私は仕事をしていると気分が落ち込むから、休暇を取ろうと決意することもある。同僚のほうが私より稼いでいることをうらやんで、二倍働くことを決断するかもしれない。どちらの選択においても、私は自分の情動状態のせいでそうすることを自覚している。もちろん、情動は意思決定のプロセスに関与している。

しかし、ダマシオが言っているのは正確にはそういうことではない。情動は人間の判断に一役買う可能性があると主張しているだけではない。そこまでは明白だ。彼が言っているのは、「意思決定そのものが情動的プロセスである」ということである。この説の核心にあるのは、ダマシオが「ソマティック・マーカー仮説」と呼ぶもので、けっして直感的に理解できるものではない。情動的な要素は意思決定に、「私たちが自覚しているかどうかにかかわらず」、影響をおよぼしているというのである。[4]

私が友人と彼の飲酒癖について対決するかどうか決めようとしているとしよう。私はどうやって決断するだろう？　選択肢について考えるとき、可能性をそれぞれ検討し、それを選んだ場合の影響を予見しようとする。もし彼と対決したら、彼はおそらく頑固な行動を取るだろう。私の提案に抵抗し、自分が選んだライフスタイルに立ち入ろうとしていると思って、私に腹を立てるかもしれない。その反面、私のアドバイスが彼に影響をおよぼし、将来的に彼を困難な問題から守るかもしれない。もし話をしないと決めたら、彼の問題はもっと悪くなるだろう。最終的に飲酒運転をするか、酒場でケンカをすることになるかもしれない。彼のアルコール依存症はすでに職場の上司の目にもとまっていて、状況が改善しなければ彼は解雇されるおそれがある。

このような予想が、細かい部分を正確に説明できないくらいの速さで、さっと私の心を駆け抜ける。それぞれが私の心になんらかの印象を与える。この選択は正しくない気がする。あちらの選択のほうがいいようだ。どの選択肢がいいか悪いかについて、実際にそれぞれのプラス面とマイナス面を整理しようとする前に、明白な印象というか直感がある。このような予想や直感や印象は、いったいどこから来るのだろう？

ダマシオは「ソマティック・マーカー」からだと主張する。[5] ダマシオによると、私たちが何か経験をするたびに、それに関連するなんらかの感情または身体状態が生じる。[6] その感情は神経系に刻みつけられ、その出来事の記憶と結びつけられて身体的マーカー標識として残る。これがダマシオの言うソマティック（「ソマ」はギリシャ語で「身体」）・マーカー、すなわち情動状態の生物学的残存である。たとえば、もしあなたが会社で仕事をするのにイライラを経験したり、ゆでたカブを食べるとむかつく経験をしたりすれば、あなたの体には、会社での仕事をイライラと、ゆでたカブをむかつきと関連づける、ソマティック・マーカーが残される場合がある。

私たちが考えや可能性を検討するとき、ソマティック・マーカーが活性化するのだと、ダマシオは言う。選択肢を深く評価するチャンスが来る前に、無意識のうちにソマティック・マーカーの効果が生じて、私たちがどう選択するかだけでなく、「そもそもどんな選択肢を検討するか」にさえ、影響をおよぼす。あなたが可能性を評価しはじめる前に、すでにいくつかの選択肢が排除されているかもしれない。ダマシオは次のように語っている。

「ソマティック・マーカー」は何をなすのか？　ある行動が引き起こすかもしれないネガティブな結果への注意を喚起し、自動警報信号を発する。「この結果につながる選択肢を選ぶなら、前もって危険に用心しろ」。この信号のおかげで、あなたは即座にネガティブな行動を拒否し、ほかの選択肢から選ぶことができる。この自動信号は、面倒なことは抜きにしてあなたを将来の痛手から守り、あなたがより少ない選択肢から選択できるようにする。それでも費用対効果分析と適切な推理力を用いる余地はあるが、この自動進行段階で選択肢の数が大幅に減ったあとのことだ[7]（強調は原文。アントニオ・ダマシオ『デカルトの誤り』筑摩書房）。

選択肢をそれぞれ評価しはじめるチャンスもないうちから、ソマティック・マーカーはすでに仕事をしている——私たちがまったくその影響に気づかないうちに。

ダマシオの主張によると、眼窩前頭皮質の病変または損傷によってソマティック・マーカー・システムが機能不全を起こすと、そのせいで意思決定の能力が大きく損なわれる。眼窩前頭皮質は前頭葉に位置しているので、脳の実行機能システムに関与している。[8] これらの領域が近接していること自体、ソマティック・マーカーが意思決定プロセスに影響するという考えを支持する尺度になる。とはいえ、フィネアス・ゲージの場合のような前頭皮質損傷の症例のほうが、より強力な裏づけになる。しかし彼の話は一例にすぎず、ダマシオの仮説を立証したければ、もっと多くの症例を見つける必要がある。

ダマシオはエリオットと呼ばれる患者についても語っている。[9] 前頭葉から腫瘍を取り除く手術のあと、エリオットの人格に大きな変化が起きたことが明らかになった。[10] かつて良き夫、良き父親、優秀なビジネスマンだった彼が、何かをなし遂げるという信用をいっさい失った。自分で仕事に向かう準備ができない。予定を守れないし、任務を完了するために適切な手配をすることもできない。職を失ったあと、彼は続けざまに金銭面と私生活の両方で浅はかな選択をして、そのせいで破産と複数回の離婚を経験した。

エリオットが分別のある決断を下せないことに人々がひどくびっくりしたのは、彼が完璧に有能で知的な人という印象を与えていたからだ。記憶力は完璧だし、周囲で起こっていることを確実に把握していた。エリオットのどこが悪いのかを正確に理解しようと思ったら、医師はいくつか検査をしなくてはならなかった。

エリオットは前頭皮質から組織を一部除去されていた。問うべき最初の疑問は、エリオットに古典的な前頭葉症候群があるかどうか、つまりなんらかの実行機能不全があるかどうか、である。思い出してほしい。前頭葉に損傷を受けた患者は一般に、行動を開始したり抑止したりするのが難しく、それは確実に意思決定を邪魔する。実際、ダマシオは当初これがエリオットの問題だと考えた。この診断を検査するため、よく知られた前頭葉機能不全の検査、ウィスコンシン・カード分類課題がエリオットに与えられた。[11] この検査には、たぶんあなたの推測しているとおり、ひと組のカードが使われる——だがふつうのトランプではない。カードは三つの点で一枚ごとに異なる。それぞれに特定の形（円、四角、三角など）、数、そして色のマークがついている。たとえば、一枚のカードには三つの赤い四角、別のカードには二つの青い三角、また別のカードには四つの緑色の三角、という具合だ。まったく同じカードはないが、特徴は共通している。したがってカードを分類する方法は、形、色、数の三通りある。

検査を始めるにあたって、検査官は数枚のカードをテーブルに並べる。被験者はカードの山から一枚ずつ引いて、それを分類ルールにもとづいてテーブルの上に並んでいるカードのどれかと組み合わせる。分類ルールが数で整理することなら、三つの赤い円と三つの緑の三角が正しい組み合わせになる。この場合、色と形は関係ない。しかし問題はここだ。検査官は被験者に分類ルールを教えない。被験者は試行錯誤でそれを解明しなくてはならない。被験者がカードを置くたびに、検査官はその組み合わせが正しいかまちがっているかを告げる。

検査官のフィードバックに導かれて、分類ルールを解明した被験者は、正しい組み合わせを続ける。しかしそのあと二番目の、もっと意地の悪い問題が与えられる。被験者が正しい組み合わせを一〇回行なったあと、検査官は被験者に内緒で分類ルールを変える。突然、それまでうまく行っていた戦略が無効になって、被験者は再び試行錯誤で何をするべきか解明しなくてはならない。被験者は最初の分類法を発見し、さらに新しい手法にも適応できなくてはならない。

神経学的に健康な人は、問題なくこの課題に成功する。そういう人たちはやるべきことをすぐに認識して、分類ルールの変更についていくことができる。しかし前頭葉症候群の患者は、この課題にとても苦労する。彼らはたいがい「保続」と呼ばれる症状を示して、行為の変更を開始することができない。[12] そのような機能不全は、ウィスコンシン・カード分類課題の後半で明らかになる。前頭葉損傷の患者は、現在の分類ルールの実行から新しいルールの実行に切り替えられない。むしろ保続する――現在のルールにしたがうままで変えられないのだ。

ウィスコンシン課題でわかるとおり、前頭葉の機能障害は明らかに決断に問題を生じさせ、エリオットと同様の問題さえ引き起こす可能性がある。ところが、エリオットはこの課題を与えられると、非常にうまくこなすことがわかったのだ！　これでダマシオらにとっての謎は深まった。どうやらエリオットは、典型的な前頭葉症候群にかかっているのではなさそうだ。しかし、ほかに何がありえるのだろう？　エリオットの脳内損傷はおもに眼窩前頭皮質に加えられていたので、ダマシオはエリオットの問題は情動的なものにちがいないと推測した。[13] ひょっとするとソマティック・マーカー・

システムの問題かもしれない。しかしそれを実証するには、新しい検査を開発する必要がある。

興味深いことに、この検査もやはりカードゲームだった。「ギャンブル課題」と呼ばれるもので、意思決定する者が実生活で直面しなくてはならない賞罰の不確実性と可能性を模倣するよう考案されている。[14] その仕組みは次のようなものだ。被験者は二〇〇〇ドルのおもちゃのお金（ただし本物に見える）を与えられる。着席したテーブルの上にはAからDまでのラベルがついたカードの山が四つ置かれている。被験者はどれかの山から一度に一枚カードを引ける。各カードには被験者が儲けるか、または損する金額が書かれている。あるカードには五〇ドル儲けると書かれているが、別のカードには一〇〇ドル損すると書かれている、という具合だ。被験者は実験終了までにできるだけ多くのお金を貯めるのが目標だと言われる。

しかし被験者に教えられないのは、四つのカードの山の構成である。AとBの山では儲かるカードは一度に一〇〇ドル儲かるようになっているが、CとDは一度に五〇ドルしか儲からない。当然、ほとんどの患者と健康な被験者は最初、儲けの多いAとBを好んで選んだ。しかし判断力のある被験者はすぐに、CとDから選ぶほうがいいことに気づく。その理由はお金を損するカードのちがいにある。CとDの山では、損するカードが出ても損する金額は一〇〇ドル未満であることが多い。一方のAとBでは、損する金額がはるかに多くて、一二五〇ドルの場合さえある。AとBで損する可能性は得する可能性をはるかに上回る。したがって、堅実な戦略はもっぱらCとDの山からカードを引くことなのだ。

先ほど言ったように、健康な被験者は最初、試しにそれぞれの山から引いてみる傾向があるが、すぐに正しい戦略に気づいて、もっぱらCとDから引く。眼窩前頭皮質に損傷のある患者は、このように行動しない。彼らも最初は四つの山すべてから試しに引くが、最終的に正しい山に集中することがない。それどころか、短期的に儲かるのでAとBの山に固執し、そのやり方のせいで長期的には儲けよりはるかに多くを失う。

ダマシオの患者のエリオットはずっと、自分は保守的な人間であり、選択には慎重でめったにリスクをおかさないと説明していた。[15] 脳の手術を受けたあとでも、自分についてそう言っていた。ところがギャンブル課題での彼の選択を「慎重」とはとても言えないだろう。しかも彼がプレー方法を理解していないこともなさそうだ。目的をわかっている。損得の考えも理解している。どの山がよくて、どの山が悪いかを検査官に話すことさえできたのだ。にもかかわらず課題を与えられるたびに、彼と同じタイプの脳損傷があるほかの患者と同じように、結局最悪の選択をしてしまう。

なぜ、眼窩前頭皮質損傷の患者は対照グループにくらべて、それほどやり方がまずいのか？　ダマシオによると、彼らが意思決定に苦労するのは、ソマティック・マーカー・システムが十分に機能していないからである。通常、被験者はAとBの山から引いて大きく損をすると、またその山から引く確率がぐっと低くなるはずだという。この二つの山を損失と失望と怒りに結びつけるソマティック・マーカーができて、被験者がそこからカードを引くことを考えると、必ずそのソマティック・マーカーが再活性化されるはずなのだ。健康な被験者の場合、脳の情動にかかわる部位が正常なので、このプロセスがスムーズに起こる。患者の場合は、眼窩前頭皮質の損傷がソマティック・マーカー・システムの働きを妨げ、慎重な選択を行なう能力を侵害する。

エリオットが前頭皮質から組織を除去されたときも、フィネアス・ゲージが脳に鉄の棒を貫通されたときも、結果として生じた損傷がソマティック・マーカーの機能を妨げたという仮説をダマシオは立てた。だからゲージはもはやゲージではなかったのであり、エリオットはもはやエリオットではなかったのである。これまで生きてきた経験にもとづいて決断を下し、社会的に受け入れられる行動を取る能力が、深刻な影響を受けた。彼らは以前と同じ視点から世界を見ることができなくなっていた。彼らの決断が経験に導かれることはありえなくなっていた。彼らの意見、考え、そして行為は、大きく変容した。二人とももはや自分自身ではなかったのだ。

それでも最終的な発言権はある

ダマシオの説は証明されていないが、脳の構造と人間の行為に対する鋭い観察にもとづいているようだ。そうであれば、私たちが決めるべきは彼の仮説を受け入れるかどうかである。しかし決断を急ぎすぎる前に、この仮説が人間の存在にとって何を意味するかについて、ちょっと考えてみよう。

ダマシオ説の理念のひとつは、ソマティック・マーカーは本人が気づいていないときでも意思決定に影響する可能性がある、ということだ。選択肢を深く検討しはじめる前に、このマーカーの活動はすでに誘発されていて、あなたの選択範囲は狭められている。公平な心で決断を下していると思っていても、実際には無意識のバイアスがたくさんかかっているのだ。プラス面とマイナス面を純粋に比較して決定したと思っていても、そもそも比較のやり方がソマティック・マーカーの働きによって偏っている。そのようなマーカーの生成と活性化は意識的にコントロールできないが、マーカーのほうはあなたをコントロールしていて、あなたはその影響をまったく認識しないかもしれない。

このマーカーの働きは、道徳的行為主体として自分の決断を自由に熟考する能力を脅かす。ダマシオの説は、私たちが自由にしているように見える選択はすべて、すでに決まっていることを示唆しているように思える。ソマティック・マーカー仮説は、私たちの将来は生物学的組成で決定することを意味するのだろうか?

いや、そうではない。これらのマーカーは私たちがすることをある程度コントロールするが、そのコントロールがすべてではない、とダマシオは主張する。ソマティック・マーカーが私たちの決断を決めるわけではない。影響をおよぼすだけである。その影響が自動的に引き起こされたあと、意識のある自己が最終的な決断を下す。ダマシオが主張するように、「それでも費用対効果分析と適切な推理力を用いる余地はある」[16]。ソマティック・マーカーの活動は最初のステップかもしれないが、意識のある自己が最終的な意思決定者である。この説は、もし真実なら、意志の力には厳しい制限がありうるが、それでも最終的な発言権はあることを示している。まだいまのところ、意図的で意識的な熟考が、私たちの日常的な道徳上の意思決定の本質であると考えられる。とはいえ、行為主体が知らないうちに、本人がすることに無意識の奥底から影響をおよぼしている生物学的プロセスという概念には、どことなく不穏なものがあるように思えるのはたしかだ。

第8章 決断の引き金が明らかに

壊れたブレーキと事故

あなたは自動車事故の原因を解明したいと願いながら、事故現場を調査しているとしよう。行き止まりの道で衝突事故が起こり、巻き込まれた車は一台だけ。車は突き当たりの壁にぶつかっていて、フロント部がぺしゃんこになっている。目撃者によると、車は速度を落とさずにまっすぐ壁に突っ込んでいったという。車を調べたところ、ブレーキシステムがひどい損傷を受けていることがわかった。それなら事故の原因はブレーキの欠陥だと、あなたは結論づけるだろうか？

この評価の問題点は、壊れたブレーキが事故を起こしたのか、それとも事故がブレーキを壊したのか、あなたにはわからないことだ。どちらが原因で、どちらが結果なのか？　これを解く方法は、もちろん、どちらが先に起きたかを解明することである。衝突の前にブレーキの異常に気づいたかどうかを運転手に訊く必要がある。もし気づいていなかったら、ブレーキが事故を引き起こしたのではないかもしれない。もし気づいていたなら、ブレーキが事故を引き起こしたかもしれないが、そうとも限らない。ブレーキが最初に壊れていたとしても、ほかのことが事故を引き起こした可能性もある。

このことから私たちにわかるのは、原因は結果より前に起こるはずだという単純な事実である。いまから一年後に起こることは、明日起こることの原因にはなりえない。もうひとつわかる簡単な考えがある。先行する事象があとの事象を引き起こすとは限らない。これを論理的に表現すると次のようになる。

①　AとBは事象である。
②　AはBの前に起こる。
③　したがって、BはAを引き起こさない。

この論法は因果関係を反証する効果がある。しかし自動車事故の例からわかるように、次の主張は誤りだ。

①　AとBは事象である。
②　AはBの前に起こる。

③したがって、AがBを引き起こす。

この主張は明らかに正しくない。なぜなら、あとに続く事象は必ずしも先行する事象によって引き起こされるとは限らないからだ。[1] たとえブレーキが先に壊れていたとしても、自動車事故は壊れたブレーキによって引き起こされたとは限らない。

神経生物学と意識される意志の関係についての議論は、因果の順序とおおいに関連がある。行動しようとする意識的決断が行動を引き起こすというのが真実なら、意識的決断は脳が行動を実行しはじめる前に起こるはずだ。しかし、なんらかの実験を使って、行動しようという意識的決断は脳が実行を始めたあとに起こることを証明できたとしたら、それは道徳的行為主体性にとって深刻な問題になる。先ほど示したように、それは意識される意志は行動を引き起こさないことを意味する。そうなれば自由意志は存在せず、当然のことながら道徳的責任も存在しないことになる。[2]

準備電位と自発的行動

この話は生理学者のベンジャミン・リベットにつながる。彼は人間の意識について実験を試みた数少ない優れた科学者のひとりである。[3] 具体的に言うと、リベットは、体が刺激を検出してから意識が自覚するまでの遅延を記述したことで知られている。被験者の脳を刺激したとき、被験者がそれを意識的に自覚するのに約五〇〇ミリ秒かかることを発見したのだ。[4] リベットの出した結論によると、意識される感覚経験が生じるためには、適切な脳の活動が〇・五秒以上続かなくてはならない。そうでないと、刺激に対する無意識の反応しか起こらない。ここで、一〇〇メートル走のスタート地点にいる競走選手を考えよう。号砲が鳴ったとき、選手がスターティングブロックを離れるのにわずか一三〇ミリ秒ほどしかかからない。[5] つまりリベットの結果によると、ランナーは号砲が鳴ったことを意識的に自覚する前にレースを始めているということだ。

ランナーは自由にみずからスターティングブロックを離れているのだろうか？　ランナーはブロックを離れるときに号砲が鳴ったことを自覚していない（そしてズルをして早く動きはじめることはなかった）というのが事実なら、彼は自由意志を使っていないように思われる。実際、これはそれほど驚くべきことではない。なぜなら、ランナーはおそらく号砲と同時にブロックを離れるようにトレーニングしているので、それが反射行動になっているからだ。彼はもはやそのことを考える必要はない。彼にとっては、熱い面から手を引っ込めるのと同じように無意識に起こることなのだ。

これは意志の概念にとって試練なのだろうか？　そうではない。この遅延は興味深いかもしれないが、反射は意志による行動と明らかに異なる。私たちは反射行動を意識的にコントロールしない。それに引きかえ意志による行動は、脳がそれを実行できるようになる前に意識による開始を必要とする、あるいは少なくとも私たちにはそう思える。しかし私たちの意志はそう働いていると思っていても、実際の働き方とはちがうかもしれないことを、リベットが次の実験で発見している。

一九六五年、研究者のハンス・コルンフーバーとリューダー・デーケが、自発的な行為の前には脳の電気的活動が増加することを発見した。脳内の電気的活動は脳電図（ＥＥＧ）のような道具を使って測定できる。ＥＥＧは頭皮上の電極を使って活動を記録し、情報を波形としてプロットするのだ。この種の装置を使って、コルンフーバーとデーケは被験者が自発的に手首を曲げるときの脳波をモニターした。結果をフィルターにかけたあとの波形パターンに、手首を曲げる約八〇〇ミリ秒前にスパイク（突出部分）が現われるのが観察された。このスパイクは脳による動作実行の始まりにちがいないと考え、コルンフーバーとデーケはそれを「準備電位」と呼んだ。

リベットはコルンフーバーとデーケの実験を拡張して、私たちが実感しているとおりに、ほんとうに行動しようという意識的決断がその行動を引き起こすのか、それともそれは脳の活動の副産物に過ぎないのかを、知りたいと考えた。そのためには、壊れたブレーキと自動車事故の場合と同じように、どちらが先に起こったのかを知る必要があった。行動するという意識的な決断か、脳による行動の実行か、どちらが先なのだろう？　二つのうち後者は準備電位に示されるので、その特定方法はすでにわかっているが、被験者が行動しようと意識的に決断する正確なタイミングはどうやって特定するのだろう？　人の意識は外側から観察できるものではない。主観的なものだ。これを認めたリベットは、利用できる唯一の選択肢を採用した。すなわち、被験者にいつ決断するかを報告させたのだ。

実験は次のように進行する。コルンフーバーとデーケの実験と同じように、リベットは自発的行動として手首の屈曲を使うことにした。そこで被験者の頭皮にＥＥＧとつなげた電極をつけたあと、そうしたいと感じたらいつでも手首を曲げるように言った。リベットは特定のタイミングで動くように要求したくなかった。というのも、被験者には強制されたと感じることなく、ただ自分の決断にもとづいて行動してほしかったのだ。

被験者は特殊なミリ秒時計の前にすわる。その時計は時分を示すのではなく、一個の光の点がぐるぐる回り、二五六〇ミリ秒（二・五六秒）で円を一周描く。リベットは被験者に、手首を曲げようと意識的に決めた瞬間、点がどこにあったかを覚えておくように指示した。[6]

大勢の被験者で何度も実験してから、データをフィルターにかけて平均化し、リベットは結果を得た。手首を曲げる意識的な決断は、準備電位の出現の三五〇ミリ秒あとに行なわれていた。[7] 準備電位が先に生じていた。意識的な決断のほうがあとに起こっていたのだ。

私たちが意識的に行動を開始する約三五〇ミリ秒前に脳が行動の実行を始めていると、リベットは結論づけた。これが意味するところは明白だ。意識される意志は私たちの行動を引き起こさない。論理は次のとおり。

① 自由意志は私たちが意識的に自分の行動をコントロールする場合にのみ存在する。
② もし私たちが自分の行動を意識的にコントロールするなら、意識的な決断は脳が実行を始める前に起こるはずである。
③ 意識的な決断は脳が実行を始めたあとに起こる。

④ 私たちは意識的に自分の行動をコントロールしない。
⑤ 自由意志は存在しない。

原因は結果の前に起こるはずなので、リベットによれば、自由意志は私たちの行動の原因ではありえない。彼は脳の活動が先に来ることを示している。しかしリベットは、脳の活動が意識的決断を引き起こすと結論づけることはできない。それは壊れたブレーキが自動車事故を引き起こしたと言うようなものだ。事象Aが事象Bの前に来ても、AがBを引き起こすとは限らない。

興味深いことに、意識される意志が行動を引き起こすのではないという結論を出したにもかかわらず、リベットは自由意志を否定していない。自由意志は存在するが、私たちが考えているのとは異なる働き方をすると考えているのだ。

「拒否する」能力は残る

意識的な決断は脳が手首の動きを実行しはじめてから三五〇ミリ秒後に下される、というリベットの発見を検討してみよう。その決断は、実際に手首が動かされる一五〇ミリ秒前に下される（図を参照）。

この一五〇ミリ秒のうち、最後の五〇ミリ秒は、脳が手首の筋肉を活動させるのにかかる時間を表わす。リベットの主張によると、残りの〇・一秒についに自由意志が入ってくる。たしかに脳はすでに実行を始めているのだから、意識的に決断を開始するには遅すぎる。むしろ意志の唯一の力は、すでに無意識に始められている行動を「拒否する」能力である。大統領が議会によって提出された法案を拒否できるのと同じようなものだ。[8] ありえる行動は無意識に処理されて開始され、そのあと意識のある自己に送られて承認または拒否される。脳が無意識にすべての仕事をしたあと、私たちが意識的に行なうのは、イエスかノーか答えるだけである。これがリベットの自由意志の考え方だ。彼はこう述べている。

> 自発的行動の始まりは、無意識の構想を脳が「まくしたてる」ことだと考えられる。そのあと意識にのぼる意志が、これらの構想のうちどれが行動へと進めていいものか、どれが運動性行為として発現しないように拒否して中止するべきものかを選ぶ[9]（ベンジャミン・リベット『マインド・タイム：脳と意識の時間』岩波書店）。

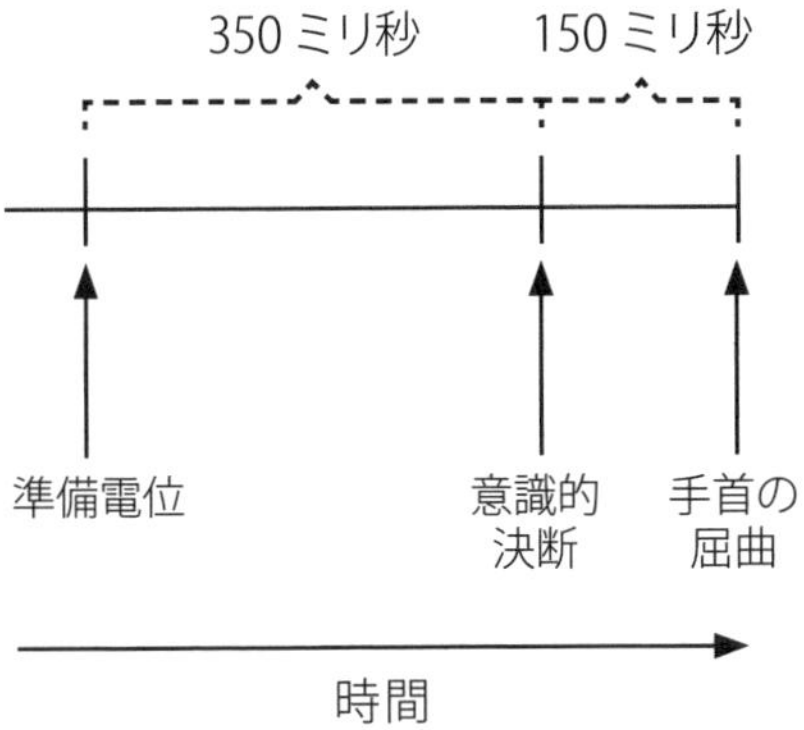

自発的行動のタイミング。準備電位は人が行動すると意識的に決断する350ミリ秒前に現われ、その決断から手首の屈曲まで150ミリ秒が残る。

この説には根拠がある。実験中、準備電位は検出されるが、行動が続かない場合もあるのだ。[10] そういう場合、被験者は脳が実行を始めた行動を拒否した可能性がある。

ダマシオの主張は、無意識のプロセスが選択範囲を縮めて私たちの決断に影響するということだった。リベットは、脳内のニューロンは意思決定プロセス全体に責任を負うが、最終的な承認印は例外として道徳的行為主体に残される、と言っている。リベットによると、自由な行動は私たちがそうしようと意識的に決意するから自由なのではなくて、起こる前にキャンセルする一〇〇ミリ秒のチャンスがあるから自由なのである。ある科学者が言うように、「私たちの意識には自由意志（free will）があるのではなく、むしろ『自由否定意志（free won't）』があるということだ！」[11]

リベットによれば、彼の考え方は道徳的行為に関する一般的な理解と一致する。

自由意志のこういう役割は、実際、広く信じられている宗教や道徳の教えと合致している。ほとんどの宗教哲学は、人はそれぞれ自分の行動に責任があるとして、「自分の行動を抑制する」ようにと唱える。モーセの十戒も大部分が「してはならない」という命令である。[12]

彼はさらに、自分の実験結果はある種の信仰が抱える問題を明らかにするとも書いている。

行動する意図が無意識に出現するのを、意識的にコントロールすることはできない……したがって、何か許されないことをしようと心のなかで思ったり、衝動を感じたりしただけで、たとえそれが実行に移されなくてもその人を罰する宗教は、生理学的に克服しようのない道徳的・心理的問題を抱えることになる。ありていに言って、たとえ行動がともなわなくても、許されない行動への衝動だけで罪業と見なすことにこだわれば、事実上すべての人間は罪人になるだろう。[13]

この二つのくだりでリベットは、意志についての自分の考え方は一見した印象ほどとっぴではないことを示そうとしているようだ。私は個人的には、研究結果を十戒や罪の本質と関連づけようという彼の試みは少しばかりかけていると思う。彼がどんなふうにまとめようとしても、その考え方は特異だが、それだけでまちがっていることにはならない。もしリベットの考えを批判したいのなら、内容を攻める必要がある。

リベットの実験への批判

そのような攻撃を見つけるのは難しくない。リベットの説はかなり論争の的になっていて、多くの批判が公表されている。これらの反対意見はだいたい二種類に分かれる。意識による拒否という概念への反論と、実験の計画や結果の解釈への反論である。ここで両方を順に検討していこう。

意識による拒否への批判は単純だ。決断のほかのあらゆる要素と同じで拒否も無意識から生まれているのではないと、どうしてわかるのか？　哲学者のダニエル・デネットはこう書いている。

リベットは暗に、あなたは拒否したいかもしれないものが何かを意識するまで、何かを拒否するかどうかについて真剣に考えはじめることができないことを前提としている。……しかし、あなたは「動け！」という命令を拒否するかどうかについて、〇・五秒前にあなたが動くと（無意識に）決めてからのあいだ、（無意識に）考えていたはずがないのはなぜなのか？[14]（強調は原文）

リベット自身、この問題を認めている。[15]もし決断に関するほかのすべてが無意識であるのなら、なぜ、この拒否権はちがうのか？

デネットの応戦は有効に思えるが、道徳的行為主体性にとって事態はさらに悪くなる。リベットは、私たちには意識的な拒否の力があるという仮説を立てている。それは私たちが持ちたいと思っている自由意志ではないが、少なくとも彼は私たちに何かを与えている。それに引きかえデネットによる拒否力の引き算は、私たちにまったく自由意志を残さない。デネットの主張を信じると、私たちの行動はすべて本人が意図的にコントロールできない無意識の脳の作用によって決定されることになる。拒否権が当てにならないなら、自由意志を救う唯一の道は、実験そのものに不備を見つけることのようだ。

話題にされている問題のひとつは、リベットが準備電位のタイミングを正確に計算したかどうかである。[16] 彼が到達した三五〇ミリ秒という値は、多くの脳波の平均だった。なかには、準備電位が実際には決断を記録したタイミングよりあとに現われた場合もあった。平均すると準備電位が先に起こったのだ。しかし、もしその平均が低いほうの外れ値によって引き下げられていたらどうだろう？　何か関係のない脳活動のせいで、ほかよりずっと前に生じた波もあったのはたしかだ。そのような測定値のせいで平均が本来のタイミングより早くなったのかもしれない。[17] なにしろその差はわずか三分の一秒だ。

リベットの実験に対して唱えられたもうひとつの異議は、決断のタイミングが正しく記録されたかどうか、である。いわゆる「記憶バイアス」に影響された可能性がある。これは動く物体の位置を脳がときどき誤って伝える現象を指す。たとえば、ある課題では被験者が画面上を一方向に横切ってから消える円を見せられる。次に、画面上の円が消えたポイントを覚えるように言われる。すると、被験者は円の最終的な位置を過大評価することが判明した。円の運動のせいで被験者は実際より遠くまで動いたと考えたのだ。[18]

リベットの実験にも動く円が使われている。ミリ秒時計として表示されるものだ。各被験者はこの装置を使って、自分が行動すると意識的に決断したタイミングを覚えた。もし彼らも同じ錯覚にまどわされていたら？　点が実際より遠くにあると思い込んで、決断のタイミングを本来よりも遅く記録したかもしれない。このタイミングの記録の誤りが、意識的な決断の平均時間のほうが準備電位の平均時間よりあとになった理由を説明する可能性もある。

ここで取り上げた批判は両方とも、データの収集や分析中に起こりうる誤りと関係している。しかし、もし時間差の原因が実験の計画そのものにあったらどうだろう？　数人の研究者がリベットの実験にもとづいて機能的磁気共鳴画像法（ｆＭＲＩ）の研究を行なっている。脳波を分析しようとするのではなく、被験者が意識的に決断するタイミングを記録するときの彼らの脳活動の画像を見たいと考えたのだ。そして、被験者が（手首を曲げようと決断することではなく）正しく時間を覚えることに集中しているとき、いくつかの脳領域に活動の急増があることがわかった。[19]この活動の高まりは、手首を曲げようと意識的に決断する前、被験者が実験者の指示にしたがおうと準備しているときに起こっていた。この早い段階での活動の高まりによって、平均的な脳波が早く起こったように見えて、（いくつかの波を平均して計算される）準備電位の記録に影響したかもしれない。[20]

この最後の批判は、私がリベットの結論に対する最も強力な反論だと思うものにいちばん近い。実験を疑うのではなく、準備電位は（もし拒否されなければ）実行される行動につながるという根本的な前提に疑問を投げかけているのだ。[21]どうしてリベットにそれがわかるのだろう？　その前提は、準備電位はつねに自発的行動が起こる前に現われるというコルンフーバーとデーケの発見にもとづいている。リベットの結論は事実上、準備電位は行動の前に来るから行動を引き起こすにちがいない、と言っている。しかしこれは有効な論拠だろうか？　前に取り上げた論法を思い出してほしい。

①　ＡとＢは事象である。

②Ａは Ｂの前に起こる。
③したがって、ＡがＢを引き起こす。

リベットの準備電位に対する理解は同じように表現できる。

①準備電位と行動は事象である。
②準備電位は行動の前に起こる。
③したがって、準備電位が行動を引き起こす。

しかし最初にはっきりさせたとおり、この論法は誤りである。事故の前に車のブレーキに欠陥があったのなら、ブレーキが事故を引き起こしたにちがいない、と言っているようなものだ。この結論にはしたがえない。

準備電位はたしかに自発的行動に関係があるかもしれない。おそらくあるのだろう。脳内にはつねに活動があって、本人がいつどうやって行動するかを考えているときはなおさらだ。準備電位はさまざまな脳作用を反映する可能性がある。しかしそれは行動が脳内で実行されはじめたことを意味するのかどうか、はっきりわからない。脳波図の小さな急上昇は、自由意志と道徳的行為主体性を無効にする理由にはならない。私たちは心の奥底で、自分の行為を生み出すのは自分自身の内省、および思考と行動の意図的な実行であると確信している。この確信があるからこそ、私たちは自意識を持って、道徳的行為主体としての役割を果たせるのだ。リベットの考えを受け入れるとしたら、その考えの最も不穏な結論を容認しなくてはならない——意識は私たちをだますということを。

第9章 マジシャンとしての脳

錯覚をつくる三つの要因

「ごらんください、私の左手にコインがありますね」とマジシャンが言う。二五セント硬貨を左手に乗せ、右手を開いてそこには何もないことを見せる。次に開いていた左手を握ってこぶしをつくり、杖を振りまわし、大きな声で呪文を唱えながら、杖でこぶしを軽くたたく。そしてゆっくり手を開いて尋ねる。「何が見えますか?」

コインは消えた。あなたの感覚は、マジシャンが杖の一振りでコインを消したのだと告げる。一瞬、それが一連の出来事のいちばん明白な説明のようにさえ思える。しかしあなたはこの説明が真実ではありえないことを知っている。杖がコインを消したのだと知覚していても、あなたは杖にそんなことはできないと確信している。自分が知覚したことは錯覚だったと思うことになる。

もちろん、あなたは正しい。真相はマジシャンが見せたものほど単純ではない。彼の手のなかには、片端が粘着性の細いゴムひもが隠されていた。ひもはマジシャンの手から袖を通ってジャケットの内側につながっている。コインを手に乗せたとき、彼はそれをひもの端にくっつけてから、こぶしを握った。手品のクライマックスでゆっくり手を開いたとき、ぴんと張っていたゴムひもを放して、コインがさっと袖のなかに入るようにしたのだ。マジシャンはあなたが気づかない小道具を使うことによって、コインを移動させた。杖と呪文は見せかけだ。錯覚を維持するためだけのものだった。人はつねにこの種の錯覚にだまされていると考えるのが、心理学者のダニエル・ウェグナーだ。それは意識の錯覚であり、マジシャンは脳である。

端的に言うと、ウェグナーは意識される意志の存在を否定している。人が自発的行動を始めるとき、ある種の意識的経験をすることは認めている。講義中に質問しようと手を上げるとき、自分には意識的願望があって、「手を上げよう！」という命令が頭に浮かぶからこそ手を上げているのだという感覚がなんとなくある。ウェグナーは、あなたにこの感覚があることは否定しない。彼が否定するのは、この感覚が行動を引き起こすものであることだ。

事実、私たちには意識にのぼる意志があるように思われる。自己があるように思われる。心があるように思われる。私たちは行為主体であるように思われる。自分がやっていることは自分で起こしているように思われる。……これらすべてを錯覚と呼ぶのは真面目な話であり、最終的に正しい。[1]

杖の動きがコインを消したという錯覚をマジシャンがつくり出すのと同じように、「手を上げよう！」という心の命令で自分は手を上げているという錯覚を脳がつくり出す。どちらの場合も、あなた（観衆）は巧みなショーマンの力を見ているのだ。呪文、決断の感覚、杖の動き、意志の経験――このような事象は最終結果を引き起こすわけではない。錯覚を維持するためのものにすぎないのだ。マジシャンの芝居がかった演技のかげに、地味な力学的真相がある。マジシャンの上着のなかでピンと張ったゴムひもが十分なポテンシャルエネルギーを蓄えていて、緊張が解かれると手からコインを引き出せることは、物理の法則からわかる。ウェグナーの考えによると、脳がつくり出す派手な意志の感覚のかげに、ありのままの機械論的な真相があることを認識すれば、意識にのぼる意志という錯覚も消し去ることができる。その真相には、ニューロンが脳のあちこちで情報の断片を交換するときの電気的活動、そして脳組織の隅々で起きている化学物質や分子の合成と分解が関与している。しかしゴムひもと同じように、私たちにはそれがまったく見えない。私たちが経験するのは意識にのぼる感覚だけであり、そのあと結果が見える。つまり手が上がるのだ。たとえ一瞬のことにしても、杖がコインを消したと信じる可能性があるのと同じように、私たちは思考が行動を引き起こすという錯覚につねにだまされている。

ウェグナーは、意識にのぼる意志の錯覚を維持するのに役立つ、三つの要因があると書いている。

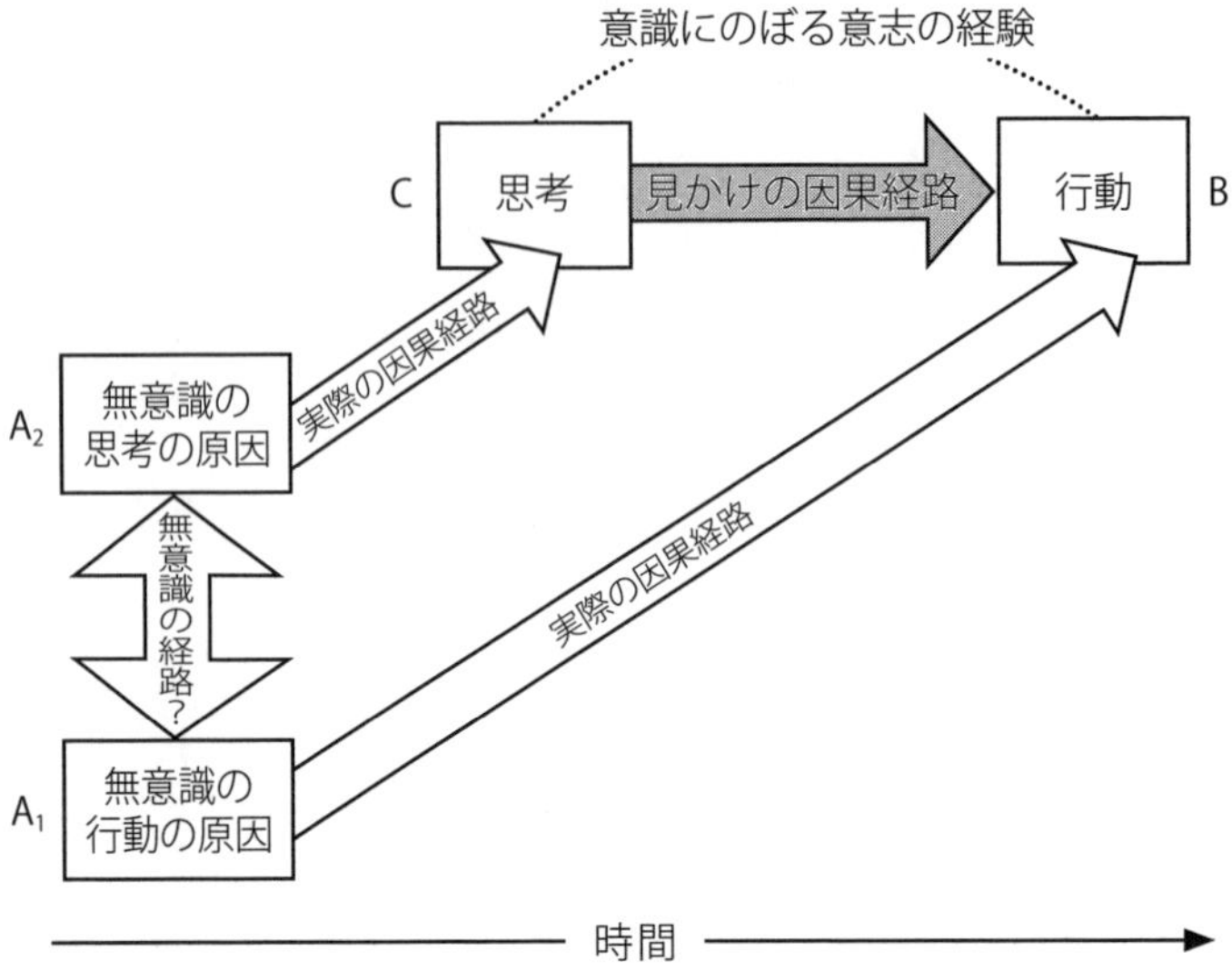

ダニエル・M・ウェグナーとタイラ・ウィートリーの「見かけの心的因果：意志の経験の源（Apparent Mental Causation: Sources of the Experience of Will）」*American Psychologist* 54, no. 7 (July 1999): 480–92より。ダニエル・M・ウェグナーの許諾を得て再掲。

第一は彼が「先行」と呼ぶもので、心のなかで意志を決める感覚は行動より前に起こるという単純なことだ。前章で確認したように、原因は結果の前に来なくてはならないので、このことはたしかに重要である。行動しようと意識して決めたのが、その行動がすでに起こったあとだと感じるのなら、当然その行動は意図されていなかったということになる。

彼が挙げている次の要因は「整合」、私たちが意識してみずからやろうとすることが、最終的にやっていることと整合する傾向があるという事実だ。もしそうでなければ、意志の経験はなくなる。あなたが自分の意志であごをかこうとして、最終的に鼻をつまんだとしたら、鼻をつまんだことは意図しなかった行動と考えるので、その責任を否定するだろう。感覚の内容が行動と整合していなくてはならない。

ウェグナーの三番目の条件は「排他」。思考が行動を引き起こしているという錯覚は、それ以外の明白な原因を特定できない限り維持される、という考えだ。頭のなかで声が聞こえる、(トゥレット症候群のような) 運動性チックが起こる、狂った神経外科医に動くよう電気刺激を与えられる、催眠をかけられて何かをするよう命令される、といった状況では、ほかに原因がないという排他の感覚は消えるだろう。ウェグナーの主張によると、この三つの条件がそろっている限り、人は自分の行動が意志によるものだと、たとえそうでなくても知覚する。[2]

風のない日に窓のそばにすわって、外の木を見ているところを想像してほしい。[3] あなたは一本の枝をじっくり見て、それが上下に動くところを思い描く。驚いたことに、そうしていると外の枝が実際にそういうふうに動いていることに気づく。この珍奇な現象にとまどいながら、あなたは別の枝が円を描いて動くところを想像し、そして枝を見る。すると枝はそのように動く。これはいよいよおかしい。あなたは枝が八の字を描くところを想像する、実際にそうなる。枝が自分の名前を綴るところを思い描くと、実際にそうなる。あなたはあわてて隣人の家に駆けこみ、「私は思うだけで木にマカレナ（訳注：セクシーに腰を動かすダンス）を踊らせることができる」と触れまわる。

ウェグナーはこの半ばこっけいな例で、自分が木の枝の動きをコントロールしている感覚は、彼の言う三条件がそろっているから生まれるのだと主張する。枝が動くのはあなたがそれを思い描いたあとに限られていて、その動きはあなたが想像する動きと整合していて、枝を動かす可能性のある（あなたに見える）事象がほかにはない。したがって、あなたは自分の自由意志が木をコントロールできるという印象を抱く。しかしこれは錯覚と考えられる（あなたはドラッグをやっているのかもしれない）。もしこの例には共感しにくいと思うなら、おそらくこれが荒唐無稽な話だからだろう。[4] 問題は、この思考実験を現実の経験に落とし込めるかどうか、である。

それはできる。事実、実験はすでにウェグナーらによって行なわれている。[5] ウェグナーが「アイ・スパイ」と呼ぶ実験で、いろいろなものが表示されているコンピューター画面の前に被験者をすわらせる。実験のあいだ、被験者は録音されたメッセージで名指しされる対象にマウスを動かすよう指示される。たとえば、音声が「白鳥」と言ったら、被験者はマウスを手に取り、カーソルを画面上の白鳥の位置まで動かす。しかし本人には教えられないが、被験者はカーソルの動きをまったくコントロールできない。彼がマウスを動かしても、カーソルの位置には影響しない。カーソルはじつは実験者によってコントロールされている。それでも、被験者は自分が動かしていると信じている。ウェグナーによると、そうなる理由は三条件（先行、整合、排他）がそろっているからだ。自分は自由意志を行使していると被験者に信じさせるにはそれで十分である。それだけで錯覚をつくり出せる。

もちろん、この実験は自由意志が存在しないことの証拠にはならない。私たちはだまされて、実際にはないのに自由意志があると考えることがありうる、と言っているにすぎない——しかしこのことはすでに知られていた。これは一七世紀の哲学者ルネ・デカルトの著作にまでさかのぼる、かなり昔からある考えだ。デカルトの考えによると、私たちがだまされている可能性はつねにあるので、自分の行動をコントロールしているかどうか完璧に確信することはけっしてできない。結局のところ、私たちは夢を見ているのかもしれない。

実際は服をぬいでベッドで横になっているのに、夢のなかではなじみの場所にいて、服を着て炉辺にすわっていると思っていることが幾度あっただろう？　しかし、いま私はすっかり目覚めてこの紙を見つめている。私が動かしている頭は眠っていない。私はこの手を意識して、明確な目的をもって伸ばし、そのことを自覚している。眠っているあいだに起こることは、これほどはっきりしていない。しかし、眠っているときに同じような錯覚にだまされたこともあったのを、私は忘れていない。そういう場合のことをよくよく考えると、目覚めている状態と眠りを区別できる確実なしるしがないとはっきりわかり、私は呆然とし、自分はいま夢を見ているのだと信じてしまいそうだ[6]（ルネ・デカルト『省察』山田弘明訳、ちくま学芸文庫）。

ウェグナーの実験はデカルトが問題にしている可能性、すなわち私たちの感覚がだまされる可能性を裏づける。しかしこれでは、私たちが実際にだまされていることを実証するには足りない。彼の主張の核心が正当であることはまだ証明されていない。そして自分の説に実体を与えるために、ウェグナーはこの論争に加わっている理論家全員がやることをやっている。つまり、脳に目を向けているのだ。

意志と行動を生むシステムは別なのか

意識にのぼる意志が体による行動を開始できるというのが事実なら、意識にのぼる意志と体による行動の開始は、脳内の同じシステムに属しているはずだ、とウェグナーは言う。意識的な行動の開始で始まり、実行されている行動で終わる、神経生物学的な事象の連鎖があるにちがいない。しかし、そのようなつながりが存在しないことの実証が可能ならどうなるのか？　意志の感覚と行為の実行が完全に独立したプロセスであることが示されるとしたらどうなのか？

「行動を支える運動の仕組みは、意志を経験させる仕組みとは異なる」とウェグナーは言う。「意志の経験は脳の複数のシステムによる相互接続された働きによってつくり出される可能性があり、それは行動を生むシステムと同じではないようだ」[7]。ウェグナーは、行動と意志の感覚が脳内の同じ因果経路に属していないことを示すことによって、意識にのぼる意志が行動を引き起こすという考えの説得力を弱めようとしている。もしそうであれば、私たちが経験する思考と行動のつながりは、実際には錯覚であるということになるだろう。

脳のさまざまな部位の機能について、研究者には多少わかっている。たとえば、一般に体の動きを実行するのは、運動野と呼ばれる耳から耳まで脳の中央を横切る細長い脳組織である。これをウェグナーの言葉を借りて「行動を生むシステム」の主な要素と考えよう。もちろん、脳のほぼ全体が行動を生むのになんらかの役割を果たしていそうだが、少なくともさしあたって、すべてが運動野に帰着すると主張することにしよう。[8]

同様に、さしあたって意志の経験は前頭葉から来ていると主張することにする。その経験がどこから来るのか、誰も実際には知らない――事実、これを解明することが神経科学の最優先課題と考えられる――が、前頭葉を選ぶことにするのは、この部位が実行機能のような関連する能力の源として挙げられているというだけの理由である。

経験と行動は脳の二つの異なる領域から生じるので、別々のプロセスにちがいないと言えるかもしれない。しかし、この評価は明らかに正しくないうえに、ウェグナーが言わんとしていることともちがう。脳の異なる部位が結果を出すために協力できない理由はない。脳とはそういうふうに働くものだ。たとえば視覚を考えよう。光の周波数が脳の前部にある目によって受け取られたあと、脳のはるか後方にある後頭葉で処理される。異なる位置にあるにもかかわらず、視覚経路はやはりひとつのシステムと考えられる。

ウェグナーが言わんとしていることはこうだ。脳内のどこに位置していようと、意志の感覚と行動の開始のためのシステムは、因果関係でつながっていることはありえない。「意志を意識させる部位」は、「行動を生む領域」の活動を引き起こさない。これは生物学的に正しいのか？　誰にもわからない。脳に関する科学的知識には限界があって、この議論は神経生物学の最前線でもこれ以上先へ進めないようだ。しかしウェグナーは、意志の経験と行動の実行が別々であることは、人間の行為から明白なようだと信じている。

他人の手症候群をわずらう人は、自分の意志と関係なく、他人の手（触手であれ、鉤爪であれ、ほかのなんであれ）がシャツのボタンをはずしていると思うかもしれない。けっして本人が手にそうさせているのではない——それどころかやめさせようとしているかもしれない——が、それでも行動は起こる。行動は意識的な開始なしに進む。

誰かの脳の運動野に電気インパルスが向けられると、その人の体の各部位は、本人の意識的同意なしに動きを促す可能性がある。そのように神経外科医が電気刺激を用いて、患者の手を動かし、次に話をさせる実験が行なわれた。動きに反応して患者は言った。「私がそうしたのではありません。あなたがやったのです」。発話を誘発されたあと、患者は言った。「私がその音を発したのではありません。あなたが私から引き出したのです」[9]。これは単純な実例だが、同じ手法を用いて、もっと複雑な意図しない行動を引き起こすことも可能にちがいない。それどころか、半狂乱の酔っぱらった神経外科医がしかるべき刺激を応用すれば、電気的に誘導して人にマカレナを踊らせることもできるだろう[10]。

要は、人がふつう意識にのぼる意志と結びつける行為は、意識に許しを請わなくても起こりうるということだ。行動は意志の感覚がなくても起こりうる。これはウェグナーが言うように、行動と意志の経験が「別々に生まれる」[11]ことの一例である。自由意志の錯覚は、行動しようと決意する感覚と行動そのものがつながっていると知覚されることから生まれる。ウェグナーに言わせると、このような例は感覚と行動のつながりが私たちの考えるようなものではないかもしれないことを示している。しかし、電気的刺激や他人の手症候群をわざわざ持ち出さなくても、意図しない行動が起こりうることは理解できる。医者が患者の反射行動をハンマーで検査するたびに、医者は患者が意識的にコントロールできない行動を誘発しているのだ。人はみずからの意志で手を熱いコンロから引っ込めるわけではなく、その動きは自動的に起こる。このような例は、行為と意識にのぼる意志のつながりが切れていることを示しているのだろうか？　おそらくそうではないだろう。私たちはみな、意図的な行動と意図しない行動の両方があることを事実として認めている。心が始めるわけではない体の動きがあることは、意外ではないはずだ。意識による行動の開始は、行動を引き起こす唯一の方法でないことも、誰もが認めている。私が膝を曲げようと心に決めることもあるが、医者もハンマーで私の膝を曲げさせることができる。膝の動きはさまざまな原因から起こりうる結果である。意識にのぼる意志はありえる原因だが、唯一の可能性ではない。

行動をコントロールしているという錯覚

では、意志の経験と実行は完全に別々のプロセスだというウェグナーの意見について、私たちは何を言うべきなのか？　意図しない行動からの証拠が少ないので、この時点でこの説を支持するものはあまりない。しかし、分離について考える別の方法がある。行動は意志の経験なしでも起こりうることを（私たちはすでに知っているので）示すのではなく、もっと説得力のある例として、行動なしに意志を経験しうることを示すのだ。それは現実には行動が起こっていないのに、行動を意識的にコントロールしている感覚である。

思い浮かぶのは幻肢症候群の症例だ。手足を切断された患者の大部分は、不可解な現象を経験する。取り除かれたあとにも引きつづき、その手足の存在を経験するのだ。切断のあと二五年も錯覚が続いた症例もある。[12] 幻肢がうずく感じがすると報告する切断患者もいれば、痛みを経験する人もいる。[13] しかし、もっとはるかに強い錯覚を経験する人もいる。

一部の症例で、切断患者は幻肢が動くのを感じると報告している――引きつったり痙攣したりするのではなく、複雑な自発的動きである。目に見えない手足を自分の意志で動かそうとすると、まさにその意識的な命令どおりに起こる反応を経験する。指がクネクネしたり、肘や膝が曲がったり、そういう細かいところを実感する。各部位の動きはほかの部位の動きと調和しているように感じる。異常に動いているようには思えない。手足が実際にはそこにないと認識していても、その感覚は消え去らない。動きの微妙な特徴がすべてかみ合って、自分はほんとうに自分の腕や足を動かしているという、まぎれもない印象をつくり出す。[14]

この症候群に苦しむ切断患者は、たとえ実際に行動が起こらなくても、意識的に行動をなし遂げようという経験をする。これは意志の感覚と行動の生成がバラバラになる状況の一例である。感覚はあるが、行動はない。

このように意志の感覚と行動が分離している例は、幻肢症候群だけではない。統合失調症の患者に起こることもある。[15] 彼らは空を横切る太陽や風に吹かれる木々など、周囲のものの動きを自分の思考でコントロールできるかのように感じる場合がある。幻肢症候群の場合のように、意図的と思われる行動が実際には起きないにもかかわらず、人が意識にのぼる意志を経験する例である。これらの症例は、意志の感覚と行動の実行は独立したプロセスであるという考えを支持する。

あなたがどこで働くかにもよるが、統合失調症患者や幻肢を感じる人との接触は毎日起こることではない。意志の感覚が行動の開始とは別個だというのが事実なら、別々であるしるしを日常生活で見つけられるはずだ。デカルトの夢はその例に入るかもしれない。ベッドから出て歯を磨こうと決意したのに、数秒後に目が覚めると自分がまだベッドのなかにいて、そのような行動を起こしていないことに気づくという経験をした例なら、私はいくらでも思い出せる。

しかしもっと微妙な例もある。意志の感覚はつねに去来している。ここで取り上げた例のように、はっきり現われたり消えたりするのでなく、当たり前に意図的だと思っている行動の場合でさえ、意志の感覚が非常に低いレベルまで下がることもありえる。

たとえば、あなたが初めての曲をピアノで弾くとき、思いきり精神を集中させなくてはならない。どの鍵《けん》を押すのも意志で行なっているように感じる。どの指の動きも、どのペダル使いも、どの音も和音も、厳しくコントロールされているように思える。練習を重ねるうちに、その曲が弾きやすくなり、あまり集中力が必要なくなってくる。個々の音のことを考えなくなり、メロディーを味わうようになる。同時に、意志の感覚は薄れはじめる。もはや個々の音には集中しない。鍵を押すたびに心のなかで命令をしているようには感じない。それどころか、考えるより速く指が動いているような気がするかもしれない。コントロールしているという感覚は消える。指が勝手に弾いているかのようだ。

自宅に向かって歩いているときのあなたについても、同じことが言えるだろう。経験豊富な歩行者であるあなたは、だいたい足の厳密な動きに注意を払わない。一歩を踏み出すことを意識して経験しない。むしろ、その日何をしたか、なぜこんなに天気が悪いのか、あるいは髪を切る必要があることなどを考えている。意識して脚を上げ、伸ばし、地面に下ろし、つぎに反対の脚を前に押し出しているわけではない。あなたの脚はだいたい自動的に動いている。しかし、もし私があなたに、直線に沿って片足を反対の足の前に出して歩くように言ったら、あなたはもっと一歩一歩に注意を払うだろう。もっと慎重に足の動きを誘導して、一歩一歩がまっすぐに並ぶように精神的努力をするだろう。意志の感覚がもどるのだ。

あるときは意志によって行動しているように感じても、次の瞬間にその感覚は消える。そのあとまたもどる。ウェグナーは次のように書いている。

これはひいては、意識にのぼる意志は拡張機能であり、独自の因果を有する経験であるという、興味深い可能性を示唆する。意志の経験は行動を生み出すプロセスと、あまりしっかり結びついていない。なんであれ意志の経験がつくるものは、行動を生み出すメカニズムとただ緩く連動するかたちで機能するのかもしれない。[16]

意志の感覚と行動の生成とのこの緩い連動の例としてとりわけ説得力があるのは、催眠状態のそれである（そう、これが最後の例だ）。人は催眠術をかけられると、眠っているような夢うつつ状態になり、周囲のことはわかっているのに、とても暗示にかかりやすくなる。催眠状態にある人が催眠術師の暗示にしたがって行動するとき、その人は自分が自由に行動しているかのように感じるが、その行為は実際には決められている。[17]

ある実験で、被験者は「ドイツ」という単語を聞いたら窓を開けるように指示された。被験者はその単語を聞くと、窓を開けなくてはならないもっともな理由をつくり、「ここはひどく蒸し暑いから、新鮮な空気が必要です。窓を開けてもいいですか？」などと言う。[18] 被験者は、自分は自由に自分なりの理由で決断したと確信していたが、それは錯覚である。ウェグナーの考えでは、この錯覚はおおいなる錯覚、すなわち意識にのぼる意志の感覚が行為をコントロールできるという錯覚の存在を裏づけている。

ウェグナーの考え方を受け入れる場合、その意味するところは明らかだ。自由意志の終わりは道徳的行為主体性の終わりでもある。行動を自由にコントロールできないのであれば、その行動に道徳的責任があるとは考えられない。ウェグナーは自分の説と整合する道徳的責任の概念をまとめ上げるのに最善を尽くしている。そして意識にのぼる意志は「自分自身の道徳的責任へのガイド」だと書いている。[19] これを言い換えると、意志の感覚は人間機械の部品だということである。意志の感覚は道徳的情動の基盤であり、それは私たちの行動を決定する因果の連鎖の一部なのだ。自分の行動は自分のものであるという感覚はたしかに錯覚だが、ウェグナーはそれが「人間の心理と社会生活の基本要素」であると考える。[20] しかし事の真相を考える限り、道徳的責任はウェグナーの世界に存在しない。それもまたおおいなる錯覚のひとつである。

ウェグナーの説の問題とは?

なかなか消えない疑問は、ウェグナーが正しいかどうか、である。もちろん、彼が正しいかどうかを合理的な疑問を残さずに証明することはできないが、彼が示している証拠によって彼の立場を評価することはできる。

ウェグナーの考え方の土台は、意志の感覚と行動の生成のあいだに存在すると彼が主張する隔壁だ。彼はこの隔壁を裏づけるために多くの例を引き合いに出しているが、どれもそれほど説得力があるようには思えない。他人の手症候群や電気的に誘発された動きのような意図しない行動の例が、自由意志について何も意味しない理由については、すでに取り上げた。ウェグナーは、これらの行為は意志の感覚を生み出すシステムと行動を生み出すシステムが互いに独立していることのしるしだと訴えるが、私たちはこの結論に達する必要はない。腕や脚を動かすと本人が意図しなくても腕や脚が動けることが、どうして意外だろう? 行動を引き起こす方法がひとつでないからといって、意識にのぼる意志が行動をコントロールできないことにはならない。他人の手症候群や電気的に誘発された動きからは、ゴム製ハンマーで誘発される膝の反射作用からわかる以上のことはわからない。人間の行動には自由意志の関与なしに起こるものがたくさんあるのは事実だが、それは自由意志が存在しないということではない。

意志のない行動の例に十分な説得力がないのなら、行動をともなわない意志の例はどうだろう？　幻肢症候群の患者は、完全に本物と感じられるものとして、そこにはない手足をコントロールできるという経験をする。行動はまったく起こらないのに意志の感覚があるのだから、その感覚と行動の実行は別々だということではないのか？　これもそれほど合理的な結論ではないと私は思う。ある行動を意志でコントロールしているかどうかについてだまされることがあるからといって、必ずしも私たちは四六時中だまされているというわけではない。意識にのぼる意志は、ありとあらゆるトリックを使う可能性がある。たとえば、私たちは錯視にだまされて、ほんとうはそこにないものを見ていると考える。だまされて直線が曲がっていると思ったり、合同な図形が合同でない、あるいは図形がない場所にあると思ったりする。ということは、私たちの知覚はつねにまちがっているということなのか？　光の周波数を処理するシステムは、知覚をつくり出すシステムから独立しているということなのか？　そうではない。現時点での科学的見解は、二つのシステムは完全につながっているとしている。同じように意志の感覚と行動生成のシステムがつながっている可能性は、ウェグナーによって排除されていない。

本章でウェグナーの考えをいくつか論じたが、最後のひとつは、意志の経験の強さは変動する可能性があることだった。本来、人は自分の行動をコントロールしているとしても、催眠中のような夢うつつ状態ではほとんどコントロールしていない。にもかかわらず、しているという意志の感覚がかえって強まることがある。一方、ピアノを弾いたり通りを歩いたりしているとき、たとえそのような行動は意志によるものと言われるとしても、意志の感覚が弱くなり、消えることさえある。意志の経験は弱くなったり強くなったりすることがありえると、ウェグナーは鋭く指摘しているが、それが行為のコントロールとは独立した感覚であるという結論を出すべきなのか？　その結論はけっして証拠からは出てこない。むしろ、体に対する意識のコントロールが限定される状態になることがあって、そういう状態にあるあいだはコントロールしているという感覚が弱くなると説明できる。感覚の強さが変わりうるという事実だけでは、この感覚自体は行動をコントロールする現実の能力と符合しないという意味にはなりえない。

ウェグナーは意識にのぼる意志が錯覚であることを立証しようとしているが、その試みの問題点は彼が示している証拠の種類にある。彼の例は示唆に富んでいるが、意志について決定的なことは何も示すことができていない。さまざまな解釈の仕方がありえるし、意識にのぼる意志はマジシャンの消えるコインと同じ錯覚であることを示せるほどには練り上げられていない。心が行為を引き起こすのでないことを証明するには、ウェグナーにはもっとしっかりした証拠が必要だろう。それはつまり管理された科学的な実験である。では、どんな実験が必要なのだろう？　どうすれば意志が存在しないことを実証できるのか？　意識にのぼる意志は錯覚であると主張することは、人間の行動は決められていると主張することでもある。坂をころげ落ちる石の経路のように、決定している行動は理論的には予測可能であることもわかっている。人の脳内のニューロンに関する情報を使って、本人の行為を予測する方法がわかれば、それが自由意志と道徳的行為主体性に対する強力な反論の根拠になりうる。もし私たちの行動がすべて予測可能なら、つまり決定されているということになりうる。もし私たちの行動が決定されているのなら、ウェグナーが主張するように、意志を行使する経験は錯覚だというのが真実にちがいない。

第10章 心や体の動きを予測する

行動を予測するテクノロジー

皆既日食は、人が目の当たりにできる自然現象のなかでもとりわけ壮観だ。古代中国では、日食はどれも天のお告げであって、皇帝の人生を予示するものとされていた。[1] カルデア人（訳注：古代メソポタミア南東部に新バビロニア王国を建国した民族）にとっては、人々が月の逆鱗に触れたことを意味し、大きな災難がやって来る前兆だった。[2] 紀元前七世紀、ギリシャの詩人アルキロコスが日食についてこう歌っている。

かなわないことなどない
誓って不可能と言えることはない

何があっても不思議はない
なにしろオリンポスの神々の父、
ゼウスが真昼を夜に変え
輝く太陽の光を隠し
激しい恐れが人々を襲ったのだから[3]

二〇〇年後、ギリシャの歴史家ヘロドトスが、かつて戦争中に起こった日食の話を書いている。均衡はどちらの国にも味方しなかったので、六年目にまた戦いが起こり、その途中、戦闘が激しくなったとき、ふいに、昼が夜に変わった。この出来事はミトレスのタレスによって予言されていた。彼はイオニア人にそのことをあらかじめ警告し、実際に起こったまさにその年に起こると特定していた。この変化を目の当たりにして、メディア人とリディア人は戦いをやめ、両者とも和平条件が合意に達することを切望した。[4]

ヘロドトスの語調はアルキロコスのそれとはちがうようだ。アルキロコスは日食を驚くべき異常なもの、不吉でさえあると見ている。それはゼウスの仕業であり、人々に「激しい恐れ」をもたらしたと書いている。それに引きかえヘロドトスは、この珍しい天体配置に動揺も驚嘆もしていないようだ。むしろ、この出来事は予言されていたと書いている。起こることが予測されていたのだ。

歴史上のこの二〇〇年のあいだに、日食のとらえ方をこれほど大きく変えるような何が起こったというのか？　答えは科学的な理解である。紀元前六世紀、ギリシャの幾何学と天文学の始祖といわれるミトレスのタレスは、自分が演繹した科学原理を用いて、次の日食がいつ起こるのかを解明した。それが紀元前五八五年の五月二八日。タレスの予想は的中した。

日食をめぐる神話はいろいろあるが、それはゼウスの奇跡の行為などではなく、決定している自然現象だということに、タレスは気づいた。したがって、日食のタイミングは自然の法則にしたがっているはずである。十分な情報さえ手に入れば、自然現象は予測できることも、タレスは理解していた。

意識、意思決定、意図、行為――これらもまた、神話になっている自然現象である。それでも、物理の領域を超える事象でないことは一般に受け入れられている。自然の法則を破ることはない。ということは、やはり決定しているということではないのか？　これまで見てきたように、そのとおりだと信じる人が大勢いる。幸い、これを実証する方法がじつはある。私たちの意図、決断、行為などが決定しているというのが事実なら、タレスの実績が示すように、私たちはそれを予測できるはずだ――十分な情報を手に入れられれば。もちろん、脳についてすべてがわかっているわけではないが、タレスも天体物理の本質と宇宙についてすべて知っていたわけではない。私たちの決断が次の日食と同じように必然であるなら、現在の神経学の技術と道具をもってすれば、少なくとも単純なレベルでは、ニューロンに私たちの運命について聞けるはずである。

一九二七年にイワン・パブロフが行なった実験は、以降、さまざまな分野の科学者に称賛されることになる。パブロフは、飼い犬に餌を持って行くと必ず犬がよだれを垂らすことに気づいた。犬は彼によだれを垂らしていたのだと言えるかもしれないが、それは悪い冗談だろう。ともかく、この唾液分泌に興味を抱いたパブロフは、餌を運ぶ前にいつもベルを鳴らして、犬を訓練することにした。[5] 訓練はしばらく続いた。周知のとおり、最終的に犬はベルの音でよだれを垂らすようになったというのが、有名なパブロフの実験結果だ。

犬はパブロフの訓練によって、ベルの音がすると餌を期待するように条件づけられた。なぜ唾液分泌が起こるかというと、犬の神経系がまもなく食物が摂取されると予告し、消化系が準備開始として唾液を分泌するからである。唾液分泌は食物摂取を予測して起こったのだ。

脳はよだれを垂らさないが、同様の予測信号を発する。神経画像技術を使って、たとえば情動処理しているときの扁桃体の活性化や、自発的動作をしているときの運動野の活性化など、特定の行為をしたり、特定のことを考えたりしているときに活性化する脳の部位を、モニターすることは可能である。それが、機能的磁気共鳴画像法（ｆＭＲＩ）やポジトロン放出断層撮影法（ＰＥＴ）のような脳スキャン技術の典型的用途である。本書でこれまでにも、そのような神経画像法の応用を取り上げてきた。しかし、脳活動のモニターをまったく新しい目的に使えると提案する科学者もいる。人がどう行動するかを予測するというのだ。そのような研究者は人間の意思決定を、タレスが日食について考えたときのように、決定論的な自然現象と見なし、タレスと同様、そのことを予測によって実証しようとしている。

考え方としては、食べることを予測して起こる犬の唾液分泌のように、行為を予測する脳活動のパターンを見つけることだ。たとえば、体の動きを予測するために脳スキャンを解釈しようとする神経科学者は多い。そのひとりがアポストロス・ゲオルゴポウロスである。

ゲオルゴポウロスはニューロンの活動を記録するために、アカゲザルの運動野に電極を挿入した。[6] 次にそのサルを、八方向に押したり引いたりできるレバーの前にすわらせる。餌を褒美にして、目標位置に光がついた方向にレバーを動かすよう、サルを訓練する。そしてサルの脳内の電極が、この行動中に活性化されるニューロン発火を記録する。ゲオルゴポウロスはこの手順をレバーの残り七方向それぞれについても繰り返し、それぞれのニューロン発火のパターンを記録した。上の図はレバーの八方向を示しており、それぞれのラベル（文字）は発火した特定のニューロン群を表わしている。

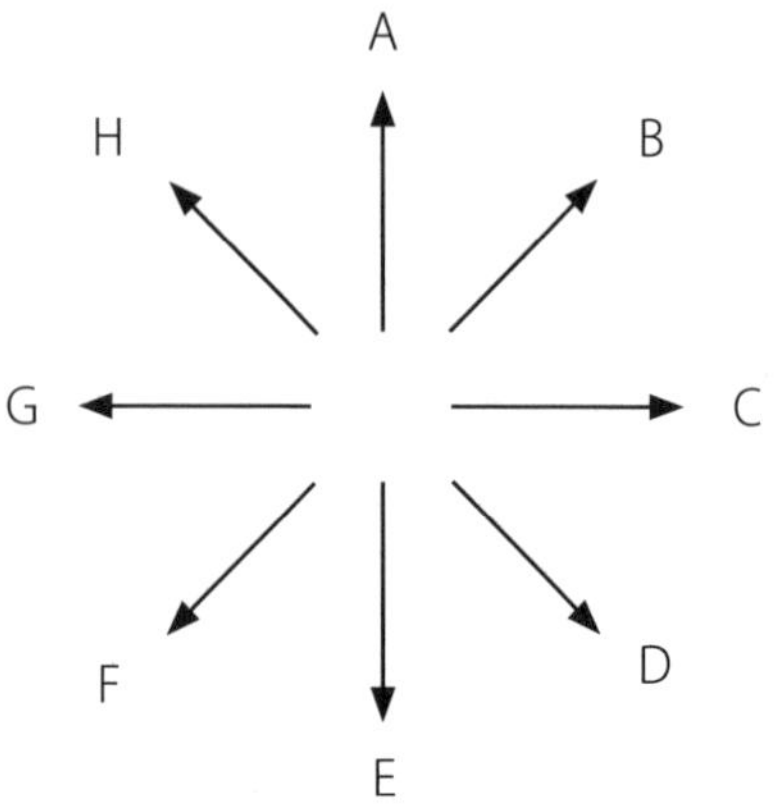

レバーの各方向のニューロン群
ゲオルゴポウロスは、サルがレバーを上に動かすときはサルの脳のニューロンA群が活性化し、下に動かすときはE群が活性化する、という具合であることを発見した。

ニューロンが動きの方向を指定する方

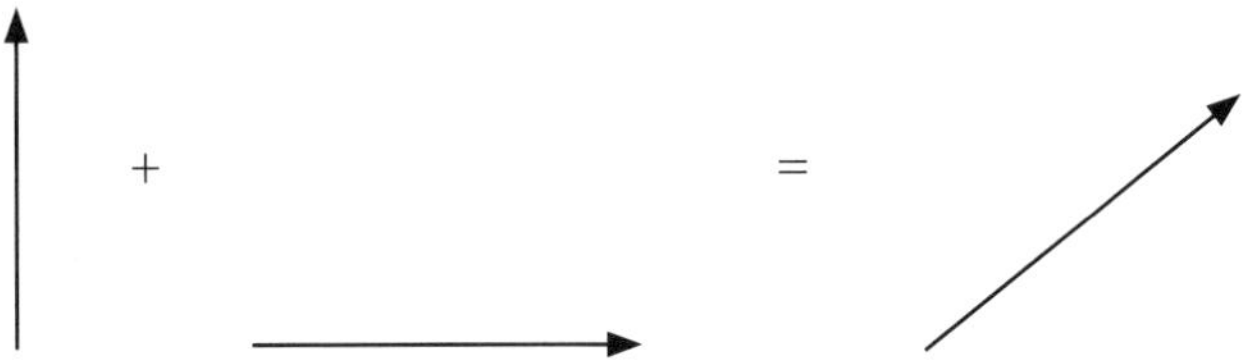

法は、私たちが選挙の候補者に投票する方法に驚くほど似ている。大統領選挙の結果は、市民一人ひとりの票を合計することによって決まる（選挙人団のことは忘れよう——脳の働き方はちがうので）。各人は一票を投じ、選挙の勝利者は過半数の人が投票した候補者である。

　運動野の各ニューロンは動きの方向に投票していると考えることができる。各ニューロンは一票を投じ、その結果として生じる動きの方向はすべての票の合計である。このプロセスと選挙のちがいは、当然、選挙の候補者が二人か三人なのに対して、方向の数は無限にあることだ。しかし、それでもプロセスはうまくいく。

　ニューロンが二つしかない脳を研究しているとしよう。どちらのニューロンも「上」方向を指定すれば、動きは上になる。どちらも「右」を指定すれば、動きは右になる。しかし、最初のニューロンが「上」を、次のニューロンが「右」を指定したらどうなるのか？　このニューロン選挙の結果は、二つの合計になる（上の図）。

　このプロセスは無数のニューロンが投票しているときも同じように働く。結果として生じる動きは、有権者のニューロン全員によって指定された方向の合計に等しい。[7]

ゲオルゴポウロスはレバーの動きそれぞれに対応する脳活動を記録して、どのニューロンがどの方向を指定するかを解明した。A群のニューロンは「真上」方向、B群は「右上」という具合である。先ほどのたとえを使うと、記録していたニューロンの投票意図を発見したわけだ。[8] ニューロンであれアメリカ市民であれ、投票者の正確な意図がわかれば、選挙結果を予測するには十分である。そしてまさにそれをゲオルゴポウロスはやったのだ。

実験の新たな段階で、ゲオルゴポウロスはサルに特定方向にレバーを動かすようにという合図をしなかった。その代わり、どの方向でもいいからレバーを動かすよう指示した。電極の記録はどのニューロン群が活性化しているかを示し、しかもサルの手が動きはじめる三〇〇ミリ秒前に示す。[9] 各ニューロン群がどう投票するかがわかっていたため、ゲオルゴポウロスはサルがレバーを動かす方向を予測することができた。

これが驚異的な科学の進歩であることに疑いの余地はない。その応用範囲はとてつもなく広く、心でコントロールできる義肢の開発もその一例と言えよう。基本的考えとして、特定のニューロン群(X群と呼ぼう)の活性化が右足を前に踏み出させることがわかれば、X群のニューロンが活性化されたとき必ず前に踏み出す右の義足をつくることができる。たとえば、デューク大学とケンブリッジ大学の研究者は、サルがジョイスティックを使ってロボットの腕を操作するときのニューロンの活動を記録した。次にジョイスティックをはずして、ロボットの腕を直接サルの脳につないだ。しばらく練習したあと、サルは思考によってロボットの腕を操作することができた。[10] ブラウン大学での同様の研究では、人間の脳に電気機器をつなげて、心でコントロールさせることに成功している。四肢まひだった被験者は、コンピューター画面のカーソルを動かし、メールをチェックし、テレビのチャンネルを変え、コンピューターゲームをすることができた——頭で考えるだけで。[11] これらの研究はすべてゲオルゴポウロスの成果の延長である。

しかし問題は、彼の発見が自由意志について何を語っているのか、である。表面的には、その意味するところは明らかに自由意志に反しているが、自由意志を守るために私たちが指摘できる実験の問題点が二つある。第一に、ゲオルゴポウロスは実験にサルを使ったことだ。サルに自由意志があるかどうかは議論の余地がある。たいていの人はおそらく、サルに道徳的行為主体性がないことに同意するだろう。たとえば、ペットのサルのココが食料品店からカートいっぱいのキャンディーを盗んだとして、ココに責任があると考える人はいないだろう。たとえあなたが褒美をやってココにやらせたことを否定しても、非難されるのはあなたである。

二つめの問題は、研究があまりに限定的なことだ。実験が示しているのは、ニューロンの発火が体の動きを引き起こすことである。しかし、だから何なのか？　そんなことはすでにわかっている。信号が脳から出て腕の筋肉に到着するには、多少なりとも時間がかかる。そのことで図らずも、信号が筋肉に向かっていて、もうすぐ動きが起こると言える時間ができる。信号を送ったニューロンの発火が、動こうという意識的決断の結果である可能性は排除されない。筋肉がニューロンの信号に刺激されるという事実だけでは、意識がかかわっていないことにならない。

心を読み取る機械

体の動きの予測は、自由意志を調べるのにふさわしい種類の研究ではないのかもしれない。本書で論じている自由意志のおもな実例は決断である。決断を下して実行することが、自由意志の作用する典型例であると言ってもよさそうだ。人間による意識的な選択の結果を予言することに成功した実験はあるのか？　ある。研究者は神経画像技術を使って、人間の被験者の決断を予測することに実際に成功している。

セントルイスにあるワシントン大学医学部の神経科学者グループが、コンピューターゲームを考案し、大勢のボランティアにそのゲームをやるよう依頼した。[12] このゲームの趣旨は、動く点の集合を見て動きの方向を判断することである。被験者は四つのキー（上、下、左、右）のどれかを押すことによって、点の方向を示す。

点の集合は画面上のどこに現われるかわからず、見えるのはたった五分の一秒なので、とても見逃しやすい。そこで、試行開始の一一秒前に、被験者はヒントを与えられる。点が現われそうな領域を示す矢印が画面上にちらりと示されるのだ。このヒントが正しい領域を示す確率は八〇パーセント。残りは画面上のまちがった部分を指し示す。ヒントを使うか無視するかは被験者次第である。

被験者がゲームをしているあいだ、その脳活動が機能的ＭＲＩ（ｆＭＲＩ）を使ってモニターされる。この技術は脳のある部位の活動を、そこに向かって流れる血液の量を検出することで測定する。

血流が多ければ多いほど、活動が盛んである。すると被験者がヒントを使うかどうかによって、血流（脳の活動）のパターンが異なることがわかった。

先ほど述べたように、ゲームではヒントの矢印が表示されてから動く点が現われるまで一一秒ある。そのあいだ、被験者の脳内の血流パターンを見ることによって、研究者は被験者が正しい答えを出すかどうか、かなり正確に判断できた。ある研究者によると、「脳の活動を用いて、被験者が正しい答えを出すか誤った答えを出すか、だいたい七〇パーセントの確率で課題を示す前に予測できる」[13]

この神経科学者たちは、ゲームをしている被験者の成績を予測することに成功している。人間の決断の結果を予言できたのだ。しかし、その決断の内容を予測することはできていない。その決断にかかわった思考や意識的な熟考は、研究者のあずかり知らぬことだった。もし心の働きが次の日食の時期と同じように決定されていることなら、私たちの思考も予測されるはずだ。

人間の思考を予測できた人はまだいないが、それをモニターすることに成功した人はいる——これを神経学的な読心術と呼ぶ人もいるかもしれない。たとえば、神経科学者は特定の思考を、EEG（脳波図）の具体的な脳波に対応させることができる。この情報が手元にあれば、研究者は人を電極が網の目のようになった脳波計につなげて、その脳活動をモニターし、特定の脳波が現われたときにその人が何を考えているかを知ることができる。このようなEEGの使い方は、私たちの議論だけでなく犯罪捜査にも役立つ。

標準的なうそ発見器、いわゆるポリグラフは、体の状態の変化を検出することによって機能を果たす。対象者が尋問されているときに起こる心拍、呼吸、血圧、発汗の変化が、うそをついている証拠として使われるのだ。これは多くの場合、質問で自分のうそがばれると心配している人に功を奏する。しかし、実際には人が真実を言っているときに、ポリグラフがうそを検出するケースも多い。これはおそらく、無実の人がポリグラフにつながれることに緊張するから起こるのだろう。病的な状態にあって、緊張せずに平気でうそをつける人もいる。そういう人はつくり話をポリグラフに検出されずにすませることができる。

研究者はこの問題を克服するために、新たな装置を開発した。脳ベースのうそ発見器だ。そのような技術のひとつに「脳指紋法」と呼ばれるものがあって、犯罪捜査での用途に大きな可能性があると考えられている。実際、すでに法廷に証拠として提出されたこともある。[14] 脳指紋検査を受けるとき、被検者は裏に電極のついたヘルメットをかぶる。ヘルメットは脳波計につながれていて、脳波がモニターされる。被検者の脳波が記録されているあいだ、尋問者は彼に言葉や写真を見せる。示されたもののなかに、捜査されている犯罪に関係する言葉や写真がある。もしその言葉や写真が対象者にとって見知らぬものであれば、EEGに興味深いものは示されず、ただ正常な波形が出るだけである。しかし、被検者が言葉や写真のどれかに覚えがある――驚いたり、重要だと思ったりする――場合、「P300」(刺激開始後三〇〇ミリ秒に現われる陽性波)と呼ばれる特殊な波形がEEGに記録される。[15]

尋問されている人が、殺人事件の容疑者だとしよう。検事は彼が友人を古い倉庫で九ミリ拳銃を使って撃ったと考えている。容疑者はその倉庫を見たこともなければ、生まれてこのかた拳銃を触ったこともないと主張する。脳指紋検査で、尋問者は凶器と古い倉庫の写真が示されたときにP300脳波を観察する。これで検事は容疑者がうそをついていたとわかる。彼は倉庫にも凶器にも見覚えがあり、そのことは彼を有罪とする証拠に使える。この手法の正確さはほぼ一〇〇パーセントだ。[16]容疑者がいかにうまいうそつきでも、自分の脳内で起こっていることは隠せない。尋問者に心を読ませないためにできることはない。

多くの人にとって、本章の三つの科学的実例は自己認識に大きな意味を持つ。単純な動作も意思決定も予測できるのなら、それはつまり、早晩、テクノロジーと科学的理解がさらに発展すれば、科学者は私たちの行動をすべて予測できるようになるということだ。そればかりか、何かに見覚えがあるかどうかなど、私たちの考えていることが簡単にわかるなら、将来いつの日か、科学者は私たちの思考をすべて予測できるようになると予想するべきだ。このような実験は、自由意志が錯覚であることの最初の科学的証拠になると主張する人もいるだろう――私たちが道徳的行為主体性だと信じているものが、実際には、決定しているニューロン網の作用にすぎないのだ、と。

これがもし正しければ、驚嘆すべきであると同時に恐ろしくもある結論だが、私は事実ではないと思う。私の考えでは、その理由はこのような研究で予測された行為の性質と関係している。最初に体の動きを取り上げた。科学者はニューロンの活動を使って、腕や足の動きを予測できる。そのあと、単純な選択の予測について検討した。被験者は点の集合が動く方向の判断を、あらかじめ与えられるヒント（点が現われそうな画面上の場所を指す矢印）にもとづいて、下さなくてはならなかった。最後に、神経学的読心術とも呼べそうなものの単純な例を検討した。科学者は、人がある言葉や写真を意外なもの、あるいは重要なものと考えるかどうかを見破ることができた。

しかし、どれも真の道徳的決断ではない。道徳的ジレンマには、どんな定石や明白なガイドラインを使っても調和させることができない考え方の対立がともなう。道徳的決断には、個人の経験、願望、そしてニーズが参考にされる。その指針は、何がよくて何がよくないかという大まかな原則である——その場の状況に左右されるので、言葉どおりには受け取れない原則だ。状況をふまえて解釈しなくてはならない。決断する人は、備えができない影響もありうることを理解して、目的と手段を両方考慮しなくてはならないかもしれない。心のなかでの熟考というきわめて重要な段階で、本人はあらゆる意識的な能力——感情、理性、記憶、意図、創造性、内省——を結集して、厳しい内面の苦闘を耐え、頭を働かせて思考の限界を押し広げ、そして最終的に決断を下して、みずからの意志で行動しようと決意するのだろう。

だからといって、道徳的決断すべてがそれほど大げさなことというわけではない。それに、真剣な意識的熟考を必要とするのは道徳的決断だけではない。ここで強調したいのは、人間の決断がどう関与できるかということだけである。

こっそり下見しているだけ

ここでもう一度、ゲオルゴポウロスのサルがレバーを引く実験について考えよう。彼は神経学のテクノロジーを使って、手足の動きを予測できた。そもそも、単純な体の動きが意識的に決断された行動の好例とは思えない。私たちがする動きの多くが決定されていることは、私も認めてかまわない。好きな音楽を聴くとき、リズムに合わせて片足をトントンすることもある。たいていの場合、そうしていることに気づかないし、そうしたことを覚えてもいない。そういうとき、足をトントンすることは決定している行動である可能性が高い。呼吸もだいたい自動的に起こる。もちろん、意志によるコントロールが必要な動きはたくさんあるが、そうでないものもあることに誰もが同意するだろう。しかしこの点は、ゲオルゴポウロスの研究の解釈にまつわる重要な問題ではない。

研究されている動きに、じつは意識的な熟考が必要だと仮定しよう。どうすればそれを確信できるだろう？　ゲオルゴポウロスは誰かに、研究に参加してレバーを動かしてほしいと頼む。その人は動きについてさんざん考える。どうやって意図的にレバーを動かすか、自分の経験から来るさまざまなことにもとづいて、真剣に決断を下す。長い思考プロセスのすえ、自分の大好きな天体は北極星だし、よく北極圏に出張するので、レバーを上に動かそうと決断する。その決断はランダムではなく、慎重に意図して下されている。では、ゲオルゴポウロスはその動きを予測できただろうか？

きっとできただろう。しかし私がそう思うその理由は、私が自由意志や道徳的行為主体性をあきらめているからではなく、ゲオルゴポウロスの実験の制約にある。思い出してほしい。ゲオルゴポウロスはサルが実際にレバーを押すか引くかする約三〇〇ミリ秒前に、予測をすることができた。この判断は何をもとにしていたかというと、運動野のニューロン発火だった。北極星と北極圏が好きな人にも同じやり方が通じるだろう。被験者はレバーを前に動かすと決断すると、意識的にその行動を始める。これがニューロンの事象の連鎖を引き起こし、最終的に運動野のニューロンの活性化につながる。そのニューロンの活性化を観察することによって、ゲオルゴポウロスは動きを予測できる。

このことから、ゲオルゴポウロスが被験者の決断を予測しているのではないことがわかる。彼には人の意思決定プロセスに関するヒントが何もない。脳が動きの指令を受け取る瞬間から、動きが実際に起こる瞬間までのあいだに、たまたま短い遅延期間が生じる。ゲオルゴポウロスは、その人がどんな動きを始めると決断したかを知るために、その期間のニューロンの活動を見ているだけである。[17]彼は人の思考の結果を見ている。「意識的決断はすでに下されていた」。決断の結果がたまたま、腕や足に現われるよりちょっと早く脳に現われるのだ。メッセージが脳から腕や足に伝わるのに時間がかかる。ゲオルゴポウロスはこのことを利用して、ほかの誰にも被験者の動きが見えないうちに、コンピューター画面で動きをこっそり下見するのだ。動きが起こる一時間前に、それを予測することはできない。人がどうやって決断するか、あるいは何を決断するか、予測できない。

先ほど取り上げた二つめの実験でも、被験者のゲームの成績を予測するのに一種のトリックが使われている。このゲームの目的は、点の集合が動いている方向を示すために四つあるボタンのうちの一つを押すことである。その点が現われる一一秒前に被験者はヒントを与えられる。画面上の点が現われるかもしれない部分を指す矢印だ。ヒントは正しい確率が八〇パーセント、残りの二〇パーセントはまちがっている。被験者がヒントを使うかどうかによって、脳の活性化のパターンがちがうことを研究者は発見した。さらに、いつヒントが役立ち、いつ誤答を招くかも、研究者にはわかっている。この二つの情報を使って、研究者は試行が終わる前に被験者が正答するか誤答するかを当てられる。

これで意志の自由は損なわれたのだろうか？　この場合も、私はそうは思わない。ゲオルゴポウロスの実験と同じように、この実験も実際には決断を予見していない。被験者には押せるボタンの選択肢は上下左右の四つある。実験が予見しているのは、被験者がどのボタンを押すかではなく、被験者が正答するか誤答するか、それだけである。研究者には被験者がどう決断を下すかを知るすべはない。彼らにわかっているのは、ヒントが正しいかどうかと、被験者がそれを使うかどうかである。たとえば、ヒントが正しくて、脳のパターンは被験者がそれを使うことを示しているとしよう。予測はどうなるか？　被験者の答えはおそらく正しい。ヒントが誤りで、被験者がそれを使う場合は、答えはおそらく誤りだ。これは被験者が何を決断するかの真の予測ではない。抜け道なのだ。

あなたが実験の被験者だとしよう。ただしふつうの被験者ではなく、秘密の計略を立てている。実験者があなたの成績の予測に失敗するようにしたいのだ。その計略は簡単に実行できる。ヒントを見て、そのあと点を見るとき、慎重に注意を払う。ヒントが正しい試行では、研究者はあなたがヒントをきちんと使って、正しい答えを出すと思い込む。しかしあなたはわざと誤った答えを入力する。もし実験者がほんとうにあなたの決断を予測できるのなら、あなたのひそかな計画に気づくはずだが、実際にはその能力はない。彼らはあなたの選択がどうなるかを当て推量しているも同然なのだ。

ここで検討してきた行動予測の二つの研究はどちらも、脳内の活動パターンの認識に依存している。第一の実験は、運動野のニューロンの活性化を利用しているが、これは決断が下されたあとに起こる事象だ。第二の実験はニューロン発火のパターンにもとづいて予測しているが、これはけっして最終的な決断を左右するものではない。なにしろ人は楽に実験者をだまして予測を狂わせることができる。このような脳の活性化は、物理の法則が次の日食の時期を決定するのと同じようには、被験者の行為を決定していない。どちらの研究も、人間の思考に侵入して、ほんとうに決断を予測することはできていない。

脳の活性化はうそ発見の技法である脳指紋でも使われていて、これを一種の読心術だと考える人もいそうだ。しかし、写真に見覚えがあるかどうかがわかることは、人間の思考を予測することとはほど遠いことに、きっとあなたも同意するだろう。とはいえ、あらゆる科学の発展のために私たちが答えるべき疑問は、それが神経学的占いの真の手法につながるかどうか、である。人間の意識の核心に取り組もうとするとき、この種の実験は失敗する運命にあるのか？　それとも、私たちは道徳的行為主体性の終焉の兆しを目撃しているのか？

後者が事実だという考えが優勢になりつつある。脳と心はどんどん科学的研究の最前線に出てきている。新しい薬物と化学物質が脳の働きを変容させている。新しいテクノロジーが、私たちの考え方を変える気配がある。たった一つの錠剤を飲むだけで、私たちの心が研ぎすまされ、社会生活が改善され、人生の難題にうまく対応できるようになる。私たちが自由意志や行為主体性と呼ぶものは、もしかすると、脳の機械的な作用にすぎないのかもしれない。人間の行為はすべて、ニューロンの相互作用の決定論的ルールに支配されていて、最終的に私たちの決断は予測可能なのかもしれない。今日、私たちは意識が不可解なものであり、意識にのぼる意志は自由だと考えているかもしれないが、それでもいつの日か、ミトレスのタレスが考えた天体の動きを予測する方法を、人間の行動予測に応用できるようになる可能性も想像できる。そうなったとき、私たちは何を思うのだろう？

第11章 人間はプログラムされたマシンか

心を変える薬

精神科医のピーター・D・クレイマーは著書『驚異の脳内薬品：鬱に勝つ「超」特効薬』（同朋社）のなかで、サムという患者について語っている。建築家のサムは、自分が大好きなものはほとんどの人が眉をひそめるものだと気づいた。それはポルノである。彼はポルノ映画に純粋に興味をもち、それを認めることを少しも恥ずかしいと思わなかった。それどころか、この問題に対する自分の態度を誇りにしていて、自分は性に関する個性を大事にしているのだと考えていた。彼の妻はまったく反対意見で、ポルノにはいっさい関心がない。サムに言わせると、妻は非常に保守的なので、彼がこれほど好きなビデオの真価を理解できないのだ。

仕事上の問題と両親の死を経験したあと、サムは鬱病にかかった。そしてクレイマー医師に助けを求める。当時、鬱病の新たな治療薬が製薬市場に導入されたばかりだった。プロザックと呼ばれる薬だ。この新種の化合物を処方する医師はほとんどいなくて、クレイマーは患者に与えていいものかどうか確信がなかったが、サムは試すことに同意した。

結果は驚異的だった。サムは気分がよくなっただけでなく、「気分がいいよりもっといい」と報告している。鬱状態は消えた。記憶力と集中力がアップした。仕事上の習慣や人前での話し方まで磨きがかかった。ところがプロザックによるあらゆるメリットにもかかわらず、サムは何かがおかしいと感じた。ポルノに対する熱意を失ったために、不安だったのだ。彼の象徴的信念、彼ならではのささやかな独自性はつねに、開放的な性生活スタイルを好むことだった。自分の人格のこの特別な一面がプロザックの服用を始めて突然消えてしまったことに、サムは悩んだのである。[1]

クレイマーは著書全体にわたって、多くの症例でプロザックが鬱病の患者を治療するだけでなく、その自己感覚を変容させていることについて論じている。小さな錠剤を服用するだけで、人間の人格がそれほど大きく変容しうるという気がかりな事実について、彼はあれこれ考察している。同じように、その事実が道徳的行為主体として自分の行為をコントロールする能力を危うくするのかどうか、あれこれ考えることができる。この疑問はプロザックだけでなく、私たちの思考方法を操る力のある現在利用可能な化学技術についても当てはまる。

プロザックのような抗鬱剤は一般に、脳内の化学物質のバランスを変えることによって作用する。これらの薬が概してターゲットにする主要な化学物質は、神経伝達物質のセロトニンである。神経伝達物質とは、メッセージを運ぶのを助けることによって、ニューロンの相互コミュニケーションを可能にする化合物のこと。そのような化合物のなかでは、抗鬱剤と結びつくセロトニンがいちばんよく知られているかもしれない。セロトニンは「幸福な神経伝達物質」とも言える。その呼び名をつけられるものが、実際にはほかに少なくとも二つある。具体的にはドパミンとノルアドレナリンで、どちらについてもあとで取り上げるつもりだ。ともかく、セロトニンの基本的傾向として、ある程度までは多ければ多いほどあなたは幸せになる。少なければ少ないほど幸せではなくなる。

抗鬱剤のような薬物の本来の目的は、病気と考えられるほど深刻な鬱状態にある人々を治療することだった。たとえば強い自殺傾向のある人には適していると言える。日々の行動を矯正するために薬物を必要とするグループに分類されるなら、その人は脳内の化学物質がひどくアンバランスになっているだけでなく、ひどい情緒的不安定を示すはずだと、人は考えるだろう。しかし、新たな薬物と関連する化学製品が爆発的に市場に出てきて、病気とされる境界が急速に広がりつつある。かつては陰気な性格とか、偉大な詩人の空想的な物想いとされていたようなものが、いまでは「鬱病」と呼ばれて、それを治すために薬がつくられている。今日の精神治療薬の市場は、クレイマーが「美容精神薬理学」と呼ぶものになっている。[2] この言葉は、深刻な精神症候群のためではなく、知的能力を高めるために薬を服用する新しい傾向の増大を意味している。クレイマーの患者のサムと同じように、人は自分を「気分がいいよりいい」状態にしたい。身体的魅力を高めるために化粧品を使うのと同じように、心の能力を高めるために化合物を使う、あるいは使うよう勧められる人がいるのだ。

プロビジルという薬を例に取ろう。この名前は「プロモート・ビジランス（覚醒を促す）」という言葉を組み合わせている。[3] この薬はもともと、ナルコレプシーの治療のために開発された。夜に眠ることができず、昼間に抑えきれない眠りの発作が起こる珍しい疾患である。誰でもなかなか眠れないことはあるし、昼間に眠気を感じることも多い。だがそれはナルコレプシーではない――ほど遠いとさえ言える。この障害をわずらう人は、列に並んでいるときや会話をしている最中にも、しばしば深い眠りに落ちる。最も危険なのは、その人が診断を受けず、車の運転をしないようにと警告されていない場合、運転中に自然に眠りに落ちるおそれがあることだ。いつなんどき、前触れもなく起こるかもしれず、本人は眠りに落ちたのと同じくらいぱっと目を覚まし、たいていぼーっとしていて、狐につままれたような気分である。

プロビジルには、ナルコレプシーやそれに近い障害にともなう眠気を、副作用なしに防ぐ効果がある。[4] 過剰なカフェインのように、手が震えたり心臓がドキドキしたりすることはない。ナルコレプシーに対して効果的なこの薬を服用すれば、眠気を防ぎ、周囲の状況をはっきり認識していられる。

ナルコレプシーの罹患率は一〇万人に一人と推定されている。[5] アメリカでは、新しく診断される症例は年にわずか一四件ほどだ。[6] それなら、なぜ二〇一一年にプロビジルは一一億ドルも売れているのか？　使用者のほとんどがナルコレプシーをまったくわずらっていないからだ。彼らは完全に健康であり、日常的な能力を高めるための「ライフスタイル・ドラッグ」として服用している。ちょっと疲れている人が、その疲れを消すために服用する。頭がすっきりしないと感じる人が、プロビジルを飲んで心を研ぎすませ、仕事にもどるのだ。しかし、この薬にそれほどの効果があるのなら、そこでとどまる理由があろうか？[7]

飛行機のパイロットが操縦桿の前にすわったとき、ちゃんと目覚めていないとか、頭がすっきりしていないと感じていたら、どんなに危険か考えてほしい。ただ錠剤を与えるだけで、その心を研ぎすませることができたら、どれだけ有益だろう？　プロビジルの調査研究で、服用したパイロットはほぼ三日連続で目覚めたまま意識を保っていた。[8] 想像してほしい。これがふつうの人間にどんな影響をおよぼすことか。注意力と能力レベルを維持しながら何日も眠らずにいられたら、人間の生産性はどれだけ上がることか。この薬を使うと、トラック運転手が夜通し眠気を起こさずに運転できるかどうか、夜間シフトの労働者が元気でいられるかどうか、兵士が長引く戦闘活動にも精力的に力強くたずさわることができるかどうか、調べる研究が行なわれている。[9] 実際、この薬は（商標は別のものだったが）第一次湾岸戦争中にフランスの兵士に使われていた。[10]

この種の力を潜在的に秘めている薬はプロビジルだけではない。アルツハイマー病その他の深刻な認知症を治療するために開発されたドネペジル（アリセプト）という薬で、パイロットの操縦がうまくなることが研究で明らかになっている。一八人のパイロットが二つのグループに分けられ、高度なフライト・シュミレーターのテストを受けた。シミュレーターは、セスナ172と呼ばれる一般的なモデルの航空機のコックピットを正確に再現したもので、現実と非常によく似たフライト体験をつくり出す。最初、どちらのグループも同じくらいよい成績を出した。そのあと、各グループに一瓶の薬が与えられ、三〇日間、一日に五ミリグラム服用するように指示される。パイロットたちは知らないが、片方のグループはドネペジルの瓶を与えられ、他方のグループには偽薬が与えられた。三〇日後、パイロットはそれぞれ再びフライト・シュミレーターに乗り込んだ。結果は一目瞭然、ドネペジルを飲んだパイロットのほうがフライト・シュミレーターの成績がよかった。薬が彼らのスキルを高めたわけだ。

脳を強化する薬の用途を見つけるのに、パイロットやトラック運転手の仕事に就く必要はない。全国の大学生は、リタリンという注意力欠陥障害の薬を服用すると、成績アップに役立つことを知っている。この薬で集中力を保ち、効率的に勉強できると学生たちは言っている。二〇〇一年に一一九の大学の学生を対象に行なわれた調査で、学生の約七パーセントがリタリンのようななんらかの処方覚醒剤を濫用していることがわかった。その使用率は競争の激しい大学ほど高かった。[11]

学校や仕事の成績を上げること以外で、美容精神薬理学のおもな用途として挙げられるのは、社会的交流の向上だろう。正常な社会的行動の定義はいろいろ考えられるが、薬理学革命の出現によって基準が設定されつつある。何年も前、内気な人に精神医学的症候群があるかどうか、深く考える人はいなかっただろう。ひとりで過ごすのが好きな物静かな人を見て、彼女はどこか悪いのかと考える人もいなかっただろう。しかし市場への新薬の爆発的導入により、いまや「対人恐怖症」への「治療薬」が提供される。かつては控えめな性格と考えられていたものが、いまでは社会規範からはずれていると見なされる。投薬治療すべき疾患だというのだ。[12]

たしかに、他人とうまくやっていく能力を損なう深刻な精神疾患や神経障害を現実に抱える人はいる。彼らには投薬治療が必要かもしれない。そのことに疑問の余地はない。しかし、完璧に健康でありながら「美容」のために、つまりもっと社交的になるために、もっと環境にうまくなじむために、そのような薬を使う人もいる。プロビジルが気力や注意力を高めるために使われるのと同じように、うまく世渡りするために薬が使われる。一種類だけでなく組み合わせて使う人さえいる。

プロザックのような抗鬱剤を服用することは、社交術を即座に高めるアプローチのひとつである。ピーター・クレイマーは著書のなかで、患者のテスが薬を服用中にこの効果を示した経緯を説明している。テスは彼の診察を受けにきたとき、私生活におけるあらゆる問題についてクレイマーに話した。男性との関係がうまくいかない。男性とどうすればうまくつき合えるのかわからず、男性は近づいてこない。彼女の社会生活は活発にはほど遠い。しかも、テスには鬱の症状があることにクレイマーは気づいた。そこで彼女にプロザックを投与することにした。

サム（ポルノが好きだった男性）と同じように、テスも「気分がいいよりいい」と感じた。鬱の症状が消えただけでなく、いままでなかった社交術が突然身についたのだ。前々からほしかった男性とつき合う才能がいつのまにか吹き込まれた。彼女はクレイマーの診察室に来て、一度の週末に複数のデートをするのだと自慢している。テスは古い友人グループとはもうつき合えないと判断して、そのグループを見限り、新しい友人グループを見つけた。人づき合いになんの苦労もいらない。人間関係についてのヒントもアドバイスも与えられたことがないのに、テスの社会生活はいきなり開花した――すべて彼女の脳内に入った抗鬱剤の化学的効果のおかげだ。テス自身もこのことを認識していた。クレイマーにこう言ったことがある。「私はミズ・プロザックですね」[13]

抗鬱剤のほかにも、世渡りがうまくなるための化学的方法がある。かなり衝撃的な話だが、「ベンゾジアゼピン」と呼ばれる向精神薬の一種を使うのだ。この薬を少量使うと、社会的能力が向上することが示されている。[14] 人が自分の社会生活について問題だと思うことはたくさんあるが、利用できる薬もたくさんある。クロノピン、ザナックス、ウェルブトリン、ニューロンティン、エフェクサー、ラミクタール、アリセプト、ケップラ、ルボックス、ゾロフト――リストはまだ続く。これだけたくさんあるので、社会的能力を化学の力で上げたい人はみな、目的を達するために出回っている薬を見つけられる。

あなたは自分の社交術には満足しているかもしれない。それでも、あなたの心にはアップグレードできることがたくさんある。きっと記憶力は完璧ではないだろう。それを高める方法は、アルツハイマー病用の薬以外にもまだあるかもしれない。忘れることを防ぐ錠剤の可能性もある。ノーベル賞を受賞した神経学者のエリック・カンデルとその研究グループは、この種の効果をマウスで誘発することに成功した。マウスと人間の脳には、記憶の形成を可能にする分子がある。たとえばサイクリックAMP（サイクリック・アデノシン一リン酸）は、記憶を持続するのに不可欠なニューロンのメッセージ交換プロセスを制御する。研究者はサイクリックAMPおよび関連分子の存在と継続的活動を促進することによって、人やラットの記憶力を高めることができる。これこそまさにカンデルのチームが行なったことだ。彼らは迷路をつくり、それを通り抜けられるようにマウスを訓練した。そしてマウスが迷路を通り抜ける方法を忘れたあと、サイクリックＡＭＰの活動を促す薬を与える。すると突然、マウスは再び迷路をうまく進めるようになる。薬による記憶力増進効果のおかげだ。[15]

　これと同じ原理が人間の記憶力向上にも応用できる可能性がある。この種の技術があれば、出来事を忘れることはなくなるかもしれない。もちろん、その出来事を忘れたいのでなければの話だが。不愉快であるばかりかトラウマになるような記憶は誰にでもある――むしろ覚えていたくないことだ。記憶力を高める薬が開発できるのなら、原理上、記憶を消す薬をつくることも可能なはずである。心の石版から不快なものをすべて拭い去ることができるかもしれない。

　心の美容のための医薬品の用途は広がっている。ある心理学者が言うように、知的能力とふるまいを向上させるための化合物利用は、いつの日か、「一杯のコーヒーと同じくらいふつう」のことになるかもしれない。[16]現在のスピードで行けば、あなたが出会う人誰もが何かしら投薬を受けている日が来るかもしれない。職場での競争や人生におけるほぼあらゆる難題が、新たな処方薬で対処されることになるかもしれない。ある神経学者がこう書いている。「神経学者が生活の質のコンサルタントになるというのも、ありそうなシナリオである。フィナンシャル・コンサルタントのモデルにならって、私たちは選択肢のメニューに期待できる成果と起こりうるリスクを添えて示すことができる。……より優れた脳への期待は新たなゴールドラッシュになるかもしれない[17]」

脳の革命

神経学者のリチャード・レスタックは著書『新しい脳（*The New Brain*）』で、社会とテクノロジーが脳の発達にどう影響するかについて詳しく語っているが、ここで取り上げてきた向精神薬の用途を不安だと思っている。彼が懸念している理由は、そのような処方薬の利用が薬物療法の境界を越えているからだけでなく、人間の本質について含むところがあるように思えるからでもある。人格や知的能力を改善するために人々が薬を服用するという事実は、コンピューターをアップグレードする考えと不気味なほど似て聞こえる。医薬品の市場は人間をマシンと見なしているように思える――回路の代わりに有機体でできたコンピューターのようなメカニズムだ[18]。レスタックはこの問題を次のように語っている。

ここに難しい問題がある。自分たちは薬によって変容しうる化学的マシンと大差ないと考えるなら、自由意志や個人的責任のような従来の概念はどうなるのか？……人々が自分の経験を対人関係の観点ではなく、化学的観点から解釈したら、すべての結果はどうなるのか[19]？

私たちの行為はコンピューターのアウトプットのように扱われる。もしアウトプット（行為）が望ましくないなら、いくつか化学物質を注入してメカニズムを修正すればいい。落ち込む？　退屈？

なぜそうなる必要があろう？　そのやっかいな脳化学的症状は、さまざまな医薬品で治すことができる。多くの人が道徳的行為主体としてのアイデンティティの中心にあると考える人間の情動は、もはや人間の精神の特別な渇望とは見なされず、脳機能の尺度とされている。鬱状態になることが示唆するのは、実現されない願望や逃したチャンスではなく、脳のセロトニンかドパミンかノルアドレナリンの不足である。誇りと悲しみ、恍惚と恥、怒りと情熱――これらは人間マシンの生産物にすぎない。かつて人間の意識に対して抱かれていた敬意のほとんどは消えている。

このような人間観を示し、自分のこともそう見ていたような患者について、レスタックは述べている。名前はテッド。彼は仕事でよく出張しなくてはならず、たいてい時差を経験することになるので、眠気を抑えるためにプロビジルを使う。ある出張の前に、テッドの兄のジムが自動車事故で亡くなった。テッドはその知らせを深く悲しんだが、悲しんでいたくなかった。そこで憂鬱を消し去るために精神安定効果のある薬を飲んだ。兄の葬式でも彼には感情がわかなかった。そしてすぐに仕事にもどった。

テッドがレスタック医師に話したところでは、二週間後に兄について再び考えるようになって、急に「わけもなく」泣き出したという。この「病的な」行為に不満を覚えたテッドは、自分は鬱病のようなものにかかったにちがいなく、抗鬱薬が解決策だと判断する。テッドは数年前にその薬を使っていたことを覚えていた。彼の話によると、人生のさまざまなことに疑問を抱き、生きる目的を探していた期間に、その薬を飲んでいたという。抗鬱薬はその関心を薄れさせ、代わりに、そのような薬の効果としてありがちな満足感を生み出した。薬が悲しみを取り除いてくれるおかげで、現状で気持ちを安定させることができるとテッドは考えていた。日中に注意力を維持するためのプロビジルと、夜に心を落ち着けるための睡眠薬とも併用して、テッドは感情に邪魔されることなく、日々、正常に働くことができる薬生活をみずから確立したのだ。[20]

心は化学的治療によって管理されるべきメカニズムであるという考え方は広がりつつある。私たちの知的能力は順次、製薬産業の新たなターゲットに選ばれている。意識のさまざまな側面は調整可能であり、高められるはずだと見なされてきている。現代の脳革命は始まったばかりだと私は思うが、それ以前、自己改善への道は、個人の内省、指導者からの助言、本人の目標と価値観の熟考、そして過ちから学ぶという姿勢で構成されていた。いま、そのアプローチが神経生物学的なものに置き換えられそうな流れが起こっている。新たな自己認識を取り入れる人が増えていて、その認識では人格の問題はすべて、適した化合物――プロザックであれ、プロビジルであれ、ほかの何を含むものであれ――を使って、機械的に修正するよう求められる。そしてこの考え方は、ニューロンの相互作用を変えることによって、人間性の欠点をなんでも修正できるとしている。

薬理学の発達が、病気の医学的治療を変えてきたことは否定できない。かつてはほとんど望みのなかった大勢の人々に希望を与えていることはまちがいない。しかし、薬理学は道徳的行為主体を沈黙させたのか？

道徳的行為主体性が成立するのは、私たちの思考と行動は決定していないし、ニューロンや神経伝達物質の機械的活動によって生まれるものではない、という前提があってこそである。私たちの経験と情動、そして熟考と熟慮から生まれて意識にのぼる意志が、脳システムのエンジンに対して、生きていく私たちを導くように命じているのだ。この自然な理解と思えるものを脅かすのが、人間をプログラムされたマシンとして表現し、すべての思考と行動はそのアウトプットであり、その内部で起こっている決定論的相互作用の結果にすぎないとする流れの強まりである。いまのところ最近の医薬品イノベーションにもとづいた仮定にすぎないものが、確立された世界観に進展するなら、私たちの日常的行動だけでなく、最も貴重な道徳的決断も決定されていると言わざるをえなくなる。私たちの心の奥底にある道徳的信念は、じつはけっして「私たちのもの」ではないと結論づけなくてはならない。それは脳のもの、ニューロンのもの、化合物のものである——天地創造までさかのぼる、長大な因果の連鎖に属するというのだ。そのような世界観が社会の仕組みに対して持つ意味合いは非常に大きいと言える。脳内の決定論的な化合物のやり取りが、私たちの行為の唯一の原因であるなら、私たちは不道徳な行動の責任をきちんと負うことはできない——倫理的な過ちを犯そうとする傾向が、道徳的行為主体によって克服されることはありえない。人間の悪の根源は脳なのだ。

第12章 悪徳の種が脳に植えられている？

衝動的暴力・計画的暴力

一九二四年五月二一日。午後五時ごろのシカゴで、友人どうしのリチャード・ローブとネイサン・レオポルドが、ハーバード・スクールに向かって車を走らせている。そこは裕福な家庭の子どもが通う私立の一流進学校だ。[1] 一八歳のローブは聡明でハンサムなミシガン大学の卒業生、しかも大学史上最年少の卒業生である。じきにハーバード・ロースクールに進む予定のローブは、老舗通販会社シアーズ・ローバック社の元副社長の息子で、欲しいだけのお金を手に入れることができる。[2] レオポルドも裕福なシカゴの家庭の出で、父親は紙箱の製造で財産を築いた大富豪である。一九歳の彼はシカゴ大学のすばらしく頭のいい法学生で、少なくとも五カ国語に堪能だ。[3] レオポルドは鳥類学の愛好家で、その話題について何度も講演を行なったことがあり、カートランドアメリカムシクイという珍しい鳥について屈指の専門家でもある。[4] 誰もがレオポルドとローブにはおおいに期待していて、彼らは前途有望な若者であることを確信している。しかし誰も予想していないことがあった。この二人の若者は、完全犯罪と信じていることを実行しようとしているのだ。

レオポルドとローブは誰かを——誰でもいいから——誘拐し、身代金をせしめて、人質を殺すことを計画している。ハーバード・スクールに向かう途中、ターゲットに目をつける。たまたま顔見知りの一四歳のボビー・フランクスだ。ローブが少年に声をかける。テニスラケットについて話をしようと、車に乗るようボビーを誘う。ボビーが言われるとおりにすると、すぐに車は走り出す。レオポルドが運転するあいだ、ローブがボビーの口に布を詰めこみ、彼の頭をノミで数回なぐりつけた。[5]

ボビー・フランクスを殺したあと、レオポルドとローブは死体を隠す場所を探しに行く。そして誰にも見つからないと考えて、鉄道線の下の排水溝に置き去りにすることに決め、身代金要求の手紙を書きはじめる。フランクスの家族に一万ドルを要求するのだ。[6] しかし彼らがそのお金を受け取ることはなかった。なぜなら、ボビーの死体はあっさり見つかり、ほどなく捜査官は彼らの犯罪だと突き止めたからである。二人の少年は自白する。

残忍な殺人のニュースはシカゴだけでなく全国のあらゆるメディアを賑わわせた。国民はこの事件にぞっとすると同時に面食らいもした。レオポルドとローブ——エリート家庭の出身で、輝かしい未来を約束され、あらゆる点で優位に立つ有能な若者——が、このような凶行を犯すとは誰が考えただろう？　いったいなぜ？　金銭目的とは思えない。

殺人のニュースよりさらに人々を熱中させたのが、レオポルドとローブの裁判である。辛辣な意見や敵意に満ちたうわさが殺到し、興奮した暴徒が押しかけ、会合は熱気を帯びる。世間は殺人者の極刑を求めた。そしておそらくそうなっていただろう――もし被告側弁護人のクラレンス・ダロウがいなければ。[7] 彼は二人の少年は法廷で無罪を訴えるべきだと判断した人物である。[8] たいていの人は心身喪失を理由として無罪を訴えると予想する（とりわけ彼らの受けたエリート教育をふまえると、彼らに善悪の判断がついたことは明らかなので、この訴えは効果がなかっただろう）が、ダロウは別の方法で彼らを弁護する気である。殺人裁判史上、前代未聞の方法だ。

彼はレオポルドとローブによる殺人行為は決定していたと主張する。見事に練り上げられた一二時間におよぶ弁論で、クラレンス・ダロウは法廷に対し、二人は生物学的組成によってボビー・フランクスを殺させられたのだと説明する。二人は抵抗しようのない決定論的力によって強制されたのだ。

裁判長、この全宇宙の生命のあらゆる原子は相互に結びついています。小石を大海に投げ入れれば、海の水は一滴残らず乱されます。あらゆる生命はほかのあらゆる生命と、混じり合い絡み合っていて、分かつことができません。意識的にも無意識にも、あらゆる影響があらゆる生命体に作用・反作用し、誰もその責任の所在を明らかにできません。……共謀して彼をつくり上げた無限の力、彼が生まれるはるか昔から彼をつくるべく働いていた無限の力のせいで、彼がもって生まれたわけではないこの計り知れない結合体のせいで、ディッキー・ローブは非難されるべきなのでしょうか？ もしそうであれば、正義の新たな定義がなされるべきです。彼は自分が持っていなかったもの、絶対に持っていなかったものの責任を負うべきでしょうか？ 彼の機械が完璧でなかったことの責任を負うべきでしょうか？……過去のどこかで彼に入り込んだものが失敗したのです。それは欠陥のある神経かもしれません。欠陥のある心臓か肝臓かもしれません。欠陥のある内分泌腺かもしれません。何かであることは確かです。この世界で原因なしには何も起こらないのです。[9]

このダロウの生物学的決定論への訴えこそが、レオポルドとローブを死刑から救ったのだ。[10]

ここで少し、ダロウの法廷戦術について考えてみよう。彼の依頼人は裕福で高い教育を受けている。身体的にも精神的にも健康で、神経学的疾患の気配はない。それでも、彼らは残忍な殺人を犯した。クラレンス・ダロウの弁護によれば、その行動は決定していた――脳内のニューロン、血中のホルモン、彼らの育つ過程によって。その行動の責任を負うべきは、彼らの体という「機械」、彼らの脳である。

しかしもし、事件の関係者全員が証言しているとおり、くだんの二人の若者が明らかに正気であるというのが事実なら、私たちは不安な可能性を突きつけられる。精神病を抱える犯罪者は心神喪失を理由に守られる。それはわかる。その場合、精神病ではない犯罪者は、有罪と判明すれば自分の行動すべてに責任を負わなくてはならない。ところが、ダロウの弁護がレオポルドとローブに有効であるなら、すべての犯罪者に有効ということになる。ダロウ自身はそう信じていて、シカゴのクック郡刑務所の囚人に対して行なったスピーチに、そのことがはっきり示されている。

私が犯罪についての疑問、その原因と矯正法についての疑問を、みなさんにお話しするのは、じつは犯罪の存在をまったく信じていないからです。世間一般が理解しているような犯罪というものは存在しません。刑務所の内と外とで人の道徳性に現実的な区別はいっさいないと、私は確信しています。どちらも同じに善良です。ここにいる人たちがここにいるのは、外にいる人たちが外にいるしかないのと同じで、仕方のないことなのです。人が刑務所に入るのは、それだけのことをしたからだとは思いません。その人たちが刑務所にいるのは、自分の力ではどうにもならず、自分にはなんの責任もない状況のせいで、それを避けられないからにすぎません。[11]

ダロウは、すべての犯罪者は決定論的弁護に訴えることができるはずだと言っているのであり、それで犯罪者の道徳的責任が軽減されるだけでなく、すべて排除される。その理由はもちろん、自由意志なしには道徳的責任はなく、行動が決定されていれば自由意志はありえないとわかっているからである。二人の社会学者が述べているように「生物学的素因という概念は、特定の行動を生まれつき我慢できない衝動強迫を含意するので、個人の責任を免じることができる[12]」。

この主張は決定論的弁護の核心を突いている。人は不道徳にふるまうことを自由に選択していないということだ。犯罪人生は血筋であり、もっと言えば脳で決まる。

これが事実かどうか判断するつもりなら、どこから調べるべきか明白だ。犯罪者の脳である。この問題を研究する科学者は暴力的犯罪者――殺人、暴行、放火を犯した人――の調査に重点を置くので、ここでも同じことをしよう。どのみち、このような犯罪のほうが万引きや脱税よりはるかに興味深い。

犯罪者を対象に脳脊髄液の成分を検査する研究者が大勢いる。しばしばCSFと略される脳脊髄液とは、頭蓋骨と大脳皮質のあいだ、および脊柱内に見つかる透明な液体である。重要な代謝タンパク質が多く含まれるので、神経障害の診断のためにサンプルが採取されることも多い。しかし犯罪者の研究で採取するのは、脳内の暴力的行為と相関があるものを探すためだ――そして実際に見つかっている。

ある研究では、三六人の暴力的犯罪者からCSFサンプルを採取した。被害者を殺した者もいれば、未遂に終わった者もいる。犯罪者の共通点は、全員が男性であること、犯罪に拳銃を使っていないこと、その攻撃がとりわけ残酷だったことだ。そして実験結果が別の共通点を明らかにした。二七人の暴力的犯罪者のCSFサンプルは、5-ヒドロキシインドール酢酸（5-HIAA）と呼ばれる化合物の濃度が低かったのだ。

セロトニンは私たちに満足と幸福を感じさせる神経伝達物質であることを思い出してほしい。化合物の5-HIAAはセロトニンの活動の副産物である。セロトニンが使われると必ず、結果として5

-HIAAが生成される。あなたは個別に包装されたキャンディーを食べていて、私はあなたが何個食べたかを知ろうとしているとしよう。あなたがキャンディーを一個食べるたびに、キャンディーの包み紙という副産物ができる。残ったキャンディーの包み紙の数は、あなたが何個のキャンディーを食べたかを表わしている。同じように、脳脊髄液内の5-HIAA濃度は、どれだけのセロトニンが使われたかの尺度である。つまり、5-HIAAが少なければ少ないほど、セロトニンの活動は低く、あなたの満足感と幸福感は低いはずだということになる。これが二七人の犯罪者の分析から引き出された結論だった。[13]彼らの脳内の5-HIAA濃度が低いことは、彼らの体が平均的な非暴力的人間ほどセロトニンを代謝していないことの指標となる。この神経伝達物質の欠乏はわずかとはいえ、彼らが満足を感じず、より攻撃的になる原因だった可能性がある。それが原因で彼らは殺人者になったのかもしれない。

その研究で、残りの九人には5-HIAA濃度低下の兆候は見られず、その濃度はほかの犯罪者より大幅に高かった。もちろん、このことに意味はないかもしれない。私たちが問題にしているのは、使われるセロトニンの量である。5-HIAAの濃度が低いこと以外にも、セロトニンの異常にともなって起こりうることはいろいろある。この九人の犯罪者はセロトニンの受容体に問題があって、十分なセロトニンがあっても、脳内のニューロンがそれを認識して使うことができなかったということかもしれない。これも、セロトニンが適切に働いていなかったという主張を支持する可能性のひとつである。しかしこの研究の研究者たちは、そうではないと考えた。

九人にはほかの被験者とちがうところがあった。暴力行為が前もって計画されていたのだ。九人の犯罪者は、突然の発作的怒りで殺したのではない。彼らの犯罪はあらかじめ計画されていた。これが彼らの5-ＨＩＡＡ濃度が高い理由かもしれない。研究者は二七人の犯罪者グループを検討し直し、（残りの九人の暴力行為が5-ＨＩＡＡの欠乏と相関していないのだから）彼らの5-ＨＩＡＡ濃度が低いことは暴力行為とではなく衝動的暴力、あるいは一般に衝動的行為と相関していると結論づけた。[14]

別の研究では、四三人の暴力的犯罪者と放火犯を、その犯罪が衝動的と考えられるか、そうでないかをもとに二つのグループに分けた（放火犯は全員〝衝動的〟に分類された）。さらに第三のグループが犯罪者でない健康なボランティアによってつくられた。先ほどの研究と同じように、衝動的犯罪者は脳脊髄液の5-ＨＩＡＡ濃度が低いことがわかった。驚きの発見はこのあとだ。衝動的でない犯罪者の5-ＨＩＡＡ濃度が三グループのなかで最も高かった――健全な被験者よりも高かったのだ。[15]この発見は、セロトニン濃度が衝動的暴力だけでなく計画的暴力にも関係することを示唆している。[16]この主張を支持するサルの攻撃行動の研究がある。その研究では、セロトニンの活動の変化が目標の明確な攻撃行動と関係していることが観察された。[17] セロトニンの活動が少なすぎると衝動的暴力につながるが、活動が多すぎると計画的暴力につながるとも考えられる。

ホルモン刻印

脳内のセロトニン濃度が犯罪的暴力を決定するのだろうか？　その説明はあまりに単純化しているように思える。人間の脳という世界で最も複雑な生理系によって生み出される、攻撃のような複雑な行動の原因が、それほど単純に解明されることはありえない。

想像はつくことだが、その働き（の増進や減退）が攻撃行動や暴力と相関のある神経伝達物質はセロトニンだけではない。セロトニンと同様、ドパミンも快い感覚を生み出すシステムと関係している。特定の行動を促進し強化するために、喜びの感情を引き起こすのを助けるのだ。たとえば、人が食べているとき（食事がどれだけおいしいかにもよるだろうが）、あるいはセックスをしているとき（コメントは差し控えよう）、体はドパミンを放出することによって、栄養摂取や種の保存を可能にする活動を強めようとする。やはりセロトニンと同じように、ドパミンの活動低下も攻撃行動の一因であることが示されている。[18]

もうひとつ関連する神経伝達物質はノルアドレナリンであり、これは注意力と闘争・逃走反応に関与する。その活動もまた、人間の攻撃と暴力に影響する。たとえば、二〇人の暴力的犯罪者、二〇人の放火犯、一〇人の健康な非暴力的被験者の研究で、ノルアドレナリンの活動低下と衝動的攻撃の関係が見つかった。[19]

このような発見を法廷で被告の犯罪者を弁護するのに使えるだろうか？　「心神喪失により無罪」とされる分類に入るかもしれない。心身喪失を理由とした弁護の法律的歴史は込み入っているので、ここでは詳しく論じないが、伝統的に心神喪失を立証する大まかな目安は次のマクノートン・ルールである。

心身喪失を理由に弁護をするためには、犯行時に被告人が精神の疾患により、自分のしている行動の性格や本質がわからないような、あるいはわかっていても自分のやっていることが悪いとわからないような、理性の欠陥を負っていたことを明白に証明できなければならない。[20]

行動の原因が窃盗強迫のような固有の衝動強迫、つまり「抵抗できない衝動」であると立証することによって、依頼人の法的心神喪失が法廷で確定したこともある。[21] 法制度はセロトニンの低濃度と窃盗強迫とを、同程度に責任が軽減されるものとは見なさないだろう。それでも、攻撃行為を決断する際の神経伝達物質の役割は、法廷で使われている。

あるケースでは、被告（ここではビルと呼ぼう）が妻殺しの罪を犯した。彼はたしかにやった――が、彼はその行動に道徳的責任があったのか？　ビルは長年にわたって攻撃的行動を見せていた。一〇〇件以上のケンカに関与したことを認めている。大学ではとても順調で、つねに優秀な成績を収めていた。卒業してすぐに妻と離婚し、二人は子どもの面会権をめぐって激しく争った。ある日、逆上し酔っぱらっていたビルは、拳銃を持って元妻に会いに行く。彼の計画では、彼女の目の前で自分の頭を撃ち、彼女の心に深い傷を負わせるつもりだった。ビルが着いたとき、元妻は拳銃を持った彼を見て恐怖に震え、隣人の家に逃げ込む。彼女の前で自殺する計画が失敗したことに、ビルは少なくとも腹を立てた。そこで元妻を追いかけ、酔っぱらった怒りにまかせて彼女を殺してしまう。

このひどい事件のあと、ビルの脳脊髄液サンプルが検査された。5-HIAA濃度は正常だったが、体内のセロトニンとドパミンの活動が低下していたことがわかった。この結果は裁判中に被告側弁護人によって明らかにされた。ビルは妻を殺すことを前もって計画していなかったと、弁護人は主張する。彼の犯罪は衝動的攻撃の結果であり、その攻撃の少なくとも一因は、セロトニンとドパミンの活動低下にあったかもしれない。しかし法廷は、ビルが心神喪失による無罪の要件を満たしているとは信じなかったため、その生物学的検査結果は却下される。ビルは死刑を宣告された。

この例からわかるように、ここで取り上げてきたセロトニン、ドパミン、ノルアドレナリンの濃度変化は、一般的には心神喪失を引き起こすと認められていない。これらの神経伝達物質の体内濃度は人によって異なり、人格によってもちがう。いまのところ、このような脳内化学物質の濃度が人と異なる有罪の被告人は、心神喪失を理由とする弁護を用いても成功しない傾向がある。彼らには決定論による弁護が必要なようだ。

決定論による弁護の証拠は、これまで指摘してきたもの以外にもたくさんあるかもしれない。たとえば、人は育った家庭環境のせいで犯罪人生に転落すると、広く信じられている。薄情なアルコール依存症の両親、貧困、低い教育水準、自暴自棄、若いころからの薬物への接触――このような社会的・環境的条件が、将来的に盗み、暴力、そして懲役刑につながると、多くの人が信じている。そう仮定するのが一般的だが、神経生物学的証拠はあるのか？　じつはあるのだ。

「ホルモン刻印」と呼ばれる生物学の概念がある。ホルモン（多くの神経伝達物質はホルモン）とそれに対応してともに効果を生み出す受容体との早期の相互作用が、将来的な相互作用を決定するという考えだ。生後まもなくは、ホルモンの受容体は発達段階にある。この発達期間に受容体とそのホルモンとの相互作用が少ないと、のちの活動が影響を受け、活動が少なくなる。初めに受容体とホルモンとの接触が強い場合、将来的に受容体とホルモンの相互作用は強くなる。早期の相互作用が足りないと、恒久的に足りないことになる。ホルモンと受容体の生涯の関係は、本人が幼いときの——それどころか生まれる前の——相互作用によって決定される可能性がある。[22]

この意味するところは、犯罪者が示す攻撃的で暴力的な行為は、「最初の一歩を踏み出すことを覚える前に」、脳内の相互作用で決定しているかもしれないということだ。研究者はそれがどうして起こりうるかを示している。

生まれたばかりのラットに、自然のアヘン剤であるエンドルフィンを与えると、成体になって攻撃的な行動を始める。オスはメスを噛み、メスはオスを蹴る。さらなる検査で、そのようなラットの多くはセロトニン濃度が低く、そのために満足レベルが低いことが明らかになった。[23] 別の若いラットのグループに抗セロトニン薬を注射すると、そのラットたちは成体になったときセロトニン濃度が低くなり、早期のセロトニン活動の途絶が恒久的な効果を引き起こすことが示された。[24] 誕生前にモルヒネを与えられたラットは、成体になって異常なノルアドレナリン活動を起こす。[25] さらに、早期にコカインにさらされると、ドパミンの活動が低下することも示されている。[26]

囚人になる運命

ここで私たちが見ているのは、生後早期の要因――コカインへの曝露など、セロトニン、ドパミン、ノルアドレナリンの活動を変化させかねない状況――が、大人になって暴力的になることを決定する可能性を裏づける証拠である。将来の犯罪は誕生時に決定しているのかもしれない。

もっと早く決定している可能性さえある。多くの研究が、遺伝的因子が働いている可能性を指摘する。典型的なのはXYY遺伝子型である。周知のとおり、XとYの染色体は性染色体だ。女性はふつう二個のX染色体を持ち、男性はXとYの染色体を持つ。しかし、余分なY染色体を持って生まれ、XYY遺伝子型になる男性もいる。その結果、ふつうより男性的な特徴が強くなる人もいる。背が高く、がっしりした体格になる傾向がある。[27] そのような男性には余分なテストステロンがあり、そのために攻撃性への傾向が強まることが示唆されている。[28]

刑務所で行なわれた研究で、囚人にはXYY遺伝子型の人がかなり多いことがわかった。[29] ある研究グループは、窃盗犯罪率は通常のXYの男性よりXYYの男性のほうが高いことを発見している。[30] この情報を心に留めていれば、XYY遺伝子型であることと脳脊髄液中の5-HIAA濃度が低いこと（セロトニンの活動が低いしるし）、さらにはセロトニンの機能不全とのあいだにつながりが発見されたと知っても、あなたは驚かないはずだ。[31]

余分なY染色体があることの別の影響も発見されている。これには驚く人もいるかもしれないが、最初からわかりきったことと思う人もいる。この余分な男性染色体は知的能力を低下させるのだ。XYYの男性と対照被験者を知能テストしたところ、XYYの男性の知力のほうがかなり低いことが確認された。これがじつは高い犯罪率の理由かもしれない。[32] 知能が低いことは、罪を犯す傾向が強いことを意味するだけでなく、逮捕され、ひいては犯罪学研究の統計に現われる傾向が強いことも意味する。あるケースでは、XYY男性が違法に火災報知機を鳴らしたあと、消防車が到着したときに眺めることができるよう、その場にとどまろうと決心したせいであっさり逮捕されている。[33]

私もそのひとりである男性への公正を期すため、少し女性についても追究する必要がある。なんだかんだ言って、アメリカではすべての暴力的犯罪の八五パーセントは男性が行なっているが、女性もその分を果たしている。[34] 罪を犯す傾向を強める女性の特性もある。いちばんの例は月経前症候群（PMS）である。いくつかの研究で、女性は月経中および月経直前のほうが、暴力的犯罪にたずさわる頻度がはるかに高いことが明らかにされている。[35] これは理解できる。なにしろPMSには怒りっぽさ、気分変動、不安などの症状が含まれるのだ。しかし脳内の説明はどうなるのか？ すべてがセロトニンに立ち返る。さまざまなホルモンの濃度とセロトニンの濃度の変化が、この症候群を引き起こすと考えられる。重いPMSはしばしば、セロトニンの活動を増やす抗鬱薬を使って治療される。[36]

実際、ここで取り上げた三つの神経伝達物質――セロトニン、ドパミン、ノルアドレナリン――すべての濃度は、投薬治療によって調整できる。これはつまり、犯罪性向を治せるということなのか？

実際、ある程度はできる。ひとつのアプローチは単純に抗鬱薬を処方することだろう。この薬はセロトニンの活動を増進する傾向がある。このアプローチが、それぞれ攻撃行動の経歴をもつ一二人の犯罪者グループに試された。二週にわたって偽薬を与えられ、そのあと三週は抗鬱薬を与えられ、さらに二週にわたって再び偽薬を与えられる。この七週間、犯罪者の攻撃性と衝動性を測定するテストが行なわれた。

攻撃性のテストでは、被験者が一人ずつコンピューター画面の前にすわる。AとBと表記されたボタンもある。説明はこうだ。ボタンを押すことによって別の建物にいるほかの被験者と競争し、その課題を行なうことでお金を稼ぐチャンスがある。Aボタンを一〇〇回押すと、被験者は一五セントもらう。Bボタンを一〇回押すと、ゲームをしているほかの被験者から一五セント奪うことができる。

プレー中、犯罪者は自分の合計金額から引かれるたびに、そのことを知らされる。これはその人にとって、別の人からの攻撃と見なされる。実際には金額のマイナスはコンピューターによってランダムに生成され、被験者はひとりでプレーしている。それでも、彼は人が自分からお金を奪ったと思い込む。そのことへの対応は二つに一つ。架空の敵を攻撃するために、Bボタンを繰り返し打つことができる。こちらは研究者が攻撃的反応と考えたものだ。あるいは、攻撃的な反応はしないという決断もできる。自分自身の合計額を増やすために、Aボタンをただ押しつづけることもできるのだ。その結果、抗鬱薬を服用している期間のほうが偽薬を服用している期間より、犯罪者が攻撃的反応を選ぶ頻度ははるかに低いことがわかった。

衝動性のテストも同様に計画され、同様の結果が得られた。このテストにもAボタンとBボタンが使われる。しかし今回、Aを二回クリックするとプレーヤーは五セントもらえて、Bを二回クリックすると一五セントもらえる。問題はここからだ。一回クリックしたあとには待ち時間が必要になる。そして利益の多いBボタンをクリックしたあとのほうが待ち時間がはるかに長い。Aボタンのほうは、利益は低いがすぐに満足が得られるので、衝動的な選択と見なされる。Bボタンのほうは、被験者はより大きな利益のために満足を遅らせることを選ぶので、自制心の選択である。この研究結果も、被験者が抗鬱薬を服用している期間のほうが、衝動的反応を選ぶ頻度が少ないことを示している。[37]

このような結果を、犯罪性向に対する心理薬理学的治療効果と見る人もいる。抗鬱薬はひとつの可能性だが、患者をなだめて暴力的になるのを防ぐことがわかっている抗精神病薬の選択肢もある。しかしこのような薬はどちらかというと、人の判断力を高めるより、人を落ち着かせることで機能する。どちらも犯罪行為を矯正するとは証明されていない。しかし、関連する神経伝達物質すべての体内濃度を、より正確に調整できる新たな薬理学的手段が開発されれば、犯罪者が第二の犯罪を実行する前に現実に対処できるかもしれない。

しかし、この介入を実行するのが、人がすでに犯罪者の烙印を押されたあとでなくてはならない理由があるだろうか？　暴力的行為がほんとうに脳によって決定されているなら、多くの神経学者が提唱するように、私たちはそれが起こる前に予測できるはずだ。

これはトム・クルーズ主演の映画『マイノリティ・レポート』で描かれたコンセプトである。この映画では、警察が未知の予言者から送られてくる未来像を使って、殺人を未然に防いでいる。いまの警察は神経科学者とともに、一連の神経生物学的データを使ってこれを実現できるのか？　誰かが殺人を犯すリスクが高いかどうかを特定する能力はあるかもしれないが、その人が実際に人を殺すかどうかを確実に知ることはできない。にもかかわらず、政府は犯罪者になりそうな人に未然に対処するべきだという提案がなされている。

一九九六年、イギリスでマイケル・ストーンという男性が、母親とその娘の二人の女性をハンマーで殺した。しばらくして、ストーンは精神病質者と診断されていたことが明らかになった。これをきっかけにイギリスでは、精神病質者の生物学的要件を満たす人に対し、その人が罪を犯す前に措置を取る司法制度を推進する動きが起こっている。そのような神経生物学的状態にある人は暴力に走るリスクが非常に高いので、予防的に対処するべきであると主張された。そういう人は危険だから街を出歩かせることはできないというわけだ。[38]

一九九二年、大ブッシュ政権は「連邦暴力イニシアチブ」なるものを導入した。当時、アルコール・麻薬中毒および精神障害委員会の委員長だったフレデリック・グッドウィン率いるこのプロジェクトは、未然に防ぐことによって、アメリカの特定地域の暴力を軽減すると考えられていた。犯罪行為のリスクがあると考えられる若者を特定し、カウンセリングなど、彼らの将来的な違法行為を抑止する手段を提供する計画である。グッドウィンはこの戦略を推し進めるために、犯罪の遺伝的および生物学的な決定論について話題にした。関連する生物学的データの知識を利用して、犯罪者になりそうな人を判断し、早期に正しい教育を与えるというわけだ。この考えは即座につぶされた。とくにスラム地区の子どもがターゲットになる可能性が高かったので、人種差別政策だと非難されたのだ。[39]

犯罪を正確に予測できる技術はまだない、というのが事実である。もちろん、将来的にはそのような機能が生まれる可能性は残されている。いつの日か、個人の遺伝、生化学、および身上の情報を分析することで、その人が偉人になる運命か、それとも囚人になる運命か、わかるようになるかもしれない。

そんな日には、神経生物学的決定論への訴えが法廷での標準的な論法になっているかもしれない。生物学的メカニズムだけが犯罪行為の原因であるというのが事実なら、レオポルドとローブに対するダロウの弁護は万人に受け入れられるようになるはずだ——犯罪の責任は縮小されるどころか排除されることになる。ここで取り上げた証拠が示すとおりに決定論が事実であるなら、レオポルドとローブは自分の脳によって殺人をさせられたにちがいない。自由意志の感覚は、頭のなかのニューロン装置によって生み出された錯覚だったのだ。彼らには、悪事を働こうという衝動を抑えるための道徳的行為主体性が欠けていた。

最高に恵まれた環境で育った有能な若者のレオポルドとローブに、殺人の衝動に対抗するための意志の主権が欠けていたのなら、この能力は誰にも存在しないかもしれない。この結論が広く受け入れられるのだとしたら、不道徳な行動に対する責任は過去のものとなり、神経生物学の疑いようのない決定論的メカニズムを前にして、いっさい消え去るだろう。

これまで見てきたように、決定論の概念と脳に関する現在の知見は、気がかりな可能性を残す。暴力的犯罪者が最初の犠牲者を求める前に、将来の悪事はすでに決定され、その不道徳な人生が確立されているのかもしれない。その人は生まれつき犯罪者だということかもしれない。意識にのぼる行為主体性が彼をその道に導くのではない。彼がまずナイフを取るずっと前に、彼のニューロンが殺人しようと決断を下すのだ。悪徳の種がすでに脳に植えられているのなら、どうして道徳的生活を送ることを選べるだろう？

第13章 倫理の終わり

二つの心、二つの自己

冷戦初期、アメリカがもはや唯一の原子爆弾保有国ではないことを、ドワイト・アイゼンハワーははっきり知った。誰もが核戦争の脅威をきわめて現実的に感じていた。そんな時期、軍事および政治指導者のあいだで新たな防衛戦略が評判になった。その名も「大量報復戦略」。ジョン・フォスター・ダレス国務長官によって提唱されたもので、あらゆる敵の攻撃行動に対して圧倒的武力で応じるという考えだ――核兵器の使用も辞さない、と。ダレスの言葉によれば、アメリカは「われわれ自身が選んだ手段によって、即座に急所を反撃する」備えをしなくてはならない。[1] そのようにして敵対する国にアメリカの破壊的軍事力を思い知らせ、早期に敵をおじけづかせることによって、全面戦争を避けることができるだろう。

大量報復戦略はすぐに軍の姿勢として主流になったが、異を唱える者もいた。なかでも最有力の反対者は、一九五五年にアメリカ陸軍参謀長となったマクスウェル・テイラーである。テイラーにしてみれば、将来の紛争に核兵器を使うという展望も、そもそも抑止政策という考えも気に入らない。自分の反対意見を公にしようと『フォーリン・アフェア』誌に記事を書いたが、軍の検閲で公表を阻止された。そのためテイラーは大量報復に対する自説をのみ込んで、職務に集中するしかなかった。

陸軍参謀長としての四年の任期が終わるまでに、テイラーは二期目を務めないと決めていた。するとアンドリュー・グッドパスター大将が、アイゼンハワー大統領からの直接のメッセージを持ってきた。グッドパスターはテイラーが現職を続けようと思っていないことに気づき、ほかの道を提案したのだ。具体的には、NATO連合軍最高司令官として、アイゼンハワーのあと初めてこの役を果たす人物になってほしいという。テイラーは困惑した。これ以上名声も名誉もある職に就くことは想像できないが、この話を受けるべきなのだろうか？　キャリアとしては、ためになることまちがいなしだ。しかし、敵の脅威に対する軍の取り組み方に承服できず、軍人でいる限り自分の意見を抑えなくてはならない。

結局マクスウェル・テイラーは、個人の信念を曲げず、それを世に伝える力を得るために、生涯最高の誘いを断わった。軍をきっぱり辞め、すぐに大量報復の問題と軍の戦争に対する姿勢全般に関する本を書きはじめた。彼はその本のタイトルを、新約聖書の「コリント人への第一の手紙」の一節、「もしラッパがはっきりした音を出さないなら、誰が戦闘の準備をするだろうか」から着想し、『はっきりしないラッパ（*The Uncertain Trumpet*）』としている。この本に心を動かされて、多くの軍当局者が大量報復や核兵器使用についての見方を考え直した。ジョン・F・ケネディさえも影響を受け、のちにケネディの私設顧問として採用されたおかげで、テイラーはキューバのミサイル危機解決に深く関与することができた。[2]

多くの人々が、とくに『はっきりしないラッパ』を読んだ人たちが、自分の道徳的信条を守るために意志の力を発揮したテイラーに、深い称賛の念を抱いたと言ってよい。テイラーは軍務に就いていたあいだに、軍事行動について多くのことを学んだ。豊富な経験を積み、最終的にアメリカでもトップクラスの軍事指導者となった。しかし著書によると、テイラーはそのあいだ一貫して自分の経験をじっくり検討している。軍事作戦の成功や失敗を見守りながら、その結果を生んだと思われる戦略的要素について熟考する。ほかの将官に相談するときは、その意見に耳を傾け、相手が主張することを頭のなかでよく考え、軍や国全体のニーズがどれだけよく検討されているかを自問する。長年にわたる慎重な思考と検討から、テイラーは大量報復に反対する立場を築いた。そしていよいよとなったとき、アイゼンハワーの誘いを断わるという彼の決断は、意識的内省によって自分で練り上げた信条にもとづいていた。だからこそ私たちは彼の信念に感嘆し、粘り強い道徳的勇気のある人物として、彼を尊敬している。

しかし、その信念を抱いたことの原因はテイラーにないと主張する人もいる。なぜなら、それは道徳的行為主体性のたぐいから生まれたものではないからだという。軍でキャリアを積んでいるあいだ、彼が道徳的信条の構築を意識的・意図的にコントロールしたことはなかった。むしろ、彼の信念はすべて脳によってつくり出されたのだ。

そのような見方を擁護する一派のひとりが、神経科学者のマイケル・ガザニガである。ガザニガはかなりの時間をかけて、彼の言う「左脳の解釈装置」を研究している。そして、左脳のこの領域における活動が、信念の形成に責任を負っていると考えている——そこが脳のあらゆる部位からの情報を受け取り、それを理解するための説明を生み出すというのだ。[3]

「分離脳症候群」と呼ばれる、脳梁（脳の右側と左側をつなぐ太いニューロン束）が切断される現象がある。癲癇《てんかん》治療のために意図的に手術で切断されるのである。問題は、この手術で本人に奇妙な影響が出る可能性があることだ。正常な脳のように一方の半球が他方にしたがうのではなく、分離脳では各半球が他方とは関係なく働くようになる。その結果、患者には二つの心、二つの自己があるように思われることもある。

ガザニガが言うには、分離脳患者の研究で、信念の形成における左脳の解釈装置の役割は実証されている。ある実験で、患者の右脳に「歩け」という単語を提示すると、患者は立ち上がり、歩きはじめた。その後、なぜ歩きはじめたのかと訊かれて患者は理由を述べたが、ガザニガによれば、それは患者の左脳によってつくり出された理由だという。「コーラを取りに行きたかったんです」[4]

この患者の左脳は、右脳に提示された単語についてなんの情報も受け取っていない。なにしろ両半球のつながりは切断されている。にもかかわらず、左脳は持てる情報を使って説明をひねり出したのだとガザニガは言う。

左脳がいかにして人の信念を決めるかに関する事例は、麻痺患者がかかる「病態失認」という認知障害の研究にも見られる。[5] 脳卒中などで生じる頭頂葉皮質（脳の上面の真ん中から後部に向かって広がる領域）の損傷のせいで、患者は自分が麻痺していることをとにかく否定する。麻痺について訊かれると、おかしな返答をする傾向がある。場合によっては、麻痺した手足を動かせないことを説明するのに、それが自分のものではないと主張する。たとえば、神経学者のヴィラヤヌル・ラマチャンドランが、次のような医者と患者の対話を記録している。

患者：先生、（自分の左手を指さして）これは誰の手ですか？
医師：誰の手だと思いますか？
患者：そうですね、先生の手ではないのはたしかです。
医師：では、誰のでしょう？
患者：私のでもありません。
医師：誰の手だと思いますか？
患者：息子の手ですよ、先生。[6]

この不可解な返答をどう理解できるだろう？　ガザニガによると、患者が麻痺した手足について訊かれると、左脳の解釈装置は二つの一見矛盾する情報のつじつまを合わせる説明をでっち上げなくてはならない。まず、視覚野の処理による情報では、腕はそこにあって体にきちんとつながっているが動いていない。次に、頭頂葉（運動に不可欠な領域）の損傷のせいで腕の損傷について利用できるデータがない。無傷のはずの腕が動いていない理由を、どうして左脳は説明できるだろう？　そこで、誰かほかの人のものだという信念をつくり出すのだ。

脳が信念を生み出す様子をもっと鮮明に示す事例は、「重複記憶錯誤」と呼ばれる障害である。この症候群の患者は、いまがいつなのかを認識できないことが多く、たいてい過去と現在を混同する。ガザニガによると、その不完全なメッセージが正常に働いている左脳の解釈装置に送られると、解釈装置は誤ったメッセージと周囲に見えているものとのつじつまを合わせる筋書きをつくり上げる必要に迫られる。ガザニガは、ニューヨーク市の病院で彼の診察を受けにきたこの障害の患者について、次のように記述している。

この女性は頭がよく、診察の前には『ニューヨーク・タイムズ』を読んで時間をつぶしていた。私は手始めに、「では、ここはどこですか？」と質問をした。「メイン州のフリーポートです。あなたが信じないのはわかっていますよ。ポスナー先生から今朝、私はスローン・ケタリング記念病院にいて、医者が回診に来たときには、そう言うように教えられました。そうね、それは結構だけど、ここはメイン州フリーポートのメインストリートにある私の家だと、私にはわかっていますよ」。私は尋ねた。「では、もしここがフリーポートのあなたの家なら、どうしてそのドアの外にエレベーターがあるのでしょう？」。上品な婦人は私をじっと見つめ、穏やかに答えた。「先生、あれを取りつけるのにいくらかかったかご存じですの？」[7]

ガザニガによると、自分は自宅にいるというこの女性の信念は、周囲の状況と誤った時間感覚を合わせようとする左脳の解釈装置によって生み出されるのだ。[8]

ガザニガはこの研究を再考察して、私たちの個人的信念はすべて脳によって決定されると述べている。この考えが私たちの倫理に対する理解に与える影響は壊滅的と言える。私たちが知っている倫理は、人はそれぞれ目の前にある難題の道徳的性質を自由に熟考し、自分の経験と、それ自体が長年にわたる意識的内省の産物である道徳観にもとづいて、最も倫理にかなった解決策を検討することができき、自分の価値観と直感を最もよく反映している道をみずから意図して選べることを前提としている。あらゆる倫理的選択の基盤そのものである道徳的信条が、脳内のニューロンの自動的発火によって生まれるのだと考えなくてはならないなら、行為主体には何が残されるのか？　行為主体は信念の内容をどうすることもできず、それにもとづいた決断を開始するだけなのかもしれない。しかし、決断を下すためにその信念をどう当てはめるか、行為主体はどうやって決めるのか？　答えはきっと、各人が決断を迫られたとき、もとの信念をどう天秤にかけるかを指示する別の信念がある、ということだろう。しかしそれらもまた信念であり、したがってガザニガによれば、私たちの自由にならないニューロンの働きによって生まれる。この決定論の牢獄を逃れるために、あなたはコインやサイコロを投げるか、あるいは自分の信念が告げることと反対のことをやると決断するとしよう。では、その決断は自由なのか？　そうではない。なぜならその決断は、決定論の牢獄から逃れたいというあなたの気持ちにつながっている因果の連鎖から生まれたからだ――その考えもまた、脳によって引き起こされている。

暴力的犯罪者について行なわれた研究から、不道徳な行為は特定の人々に、脳によって、遺伝子構造によって、あるいは環境によって、種が植えられることは明らかなようだ。しかし、ガザニガの考えが意味するところはもっとはるかに広い。彼の見解は不道徳な考えや行動だけでなく、人間の行為全体に当てはまる。私たちの信念――私たちがまさにそう行動する理由――は、無数の分子と細胞による一連の作用の産物であり、体系的な化学の原理によって制御されていることになる。

信念を形成する装置

では、宗教についてはどうだろう？　ガザニガの考え方が人間のあらゆる信念に当てはまるなら、宗教的概念もまた脳によって決定されるはずだ。そして、そのとおりであることを示す証拠がある。たとえば、「側頭葉癲癇」と呼ばれる神経疾患があり、その症状のひとつに「過剰な宗教性」、つまり非常に信心深くなり、道徳的観念に夢中になる傾向が挙げられる。ガザニガは、側頭葉癲癇のせいで強烈な霊的啓示を受ける人がいるのかもしれないと言う。たとえば、ヴィンセント・ヴァン・ゴッホには側頭葉癲癇のあらゆる症状が見られた。彼がイエス・キリストのよみがえりなど、さまざまな宗教的幻覚を起こした理由は、この障害なのかもしれない。歴史的記録によると、ムハンマド、モーセ、ブッダのような人々もまた、その行為から判断すると、この障害をわずらっていた可能性がある。そのために彼らは宗教指導者になったのだろうか？[9]

神経神学と呼ばれる研究分野では、宗教的行為にたずさわる人々の神経画像検査によって、前頭葉と頭頂葉の両方が影響を与えていることがわかっている。科学者は実際、脳のこの領域を刺激することによって、宗教体験を誘発しようとしている。ある研究で、ヘルメットによってつくられる磁場が、被験者の頭頂葉の特定領域を刺激するのに使われた。その結果、被験者はさまざまな宗教体験を報告している。死んだ親戚の存在を感じると言った人もいれば、体外離脱体験をしていると説明した人もいる。さらに「別の存在物」、おそらく神か、あるいは何かわからない感覚のある生物と接触した人もいる。このような宗教的瞬間が、脳内に活動を引き起こすだけで生まれたのだ。[10]

ガザニガによれば、人間は「信念を形成する装置」である。[11] 私たちが特定の意見、価値観、道徳基準を持ち、そしていまの例のような宗教的体験をすることを、私たちの脳が決定する。私たちの考えは自分自身と自分の経験について徹底的に意識的に熟考して生まれるという見方は、悲しいことに誤りである。私たちが持っている信念はどれも、人間という動物が自然界でよりうまく生き残ることができるように、見たり聞いたり感じたりするものを解釈する方法として、脳の生物学的構造によって生み出される。そのように決定されているこれらの信念こそが、私たちの行動を制御している。倫理的決断は倫理にかなう道を選ぼうとする心の強烈な葛藤から生まれるという印象は、ダニエル・ウェグナーなら言いそうなことだが、私たちの機械装置によって生み出される錯覚なのだ。したがって、道徳と不道徳というのは、人間と呼ばれる有機的自動人形《オートマトン》の相互作用を表現する用語にすぎない。熟考とも、意志力とも、善悪に関する内面の葛藤とも、なんの関係もない。それはすべて錯覚だ。あるのは脳と神経のシステムだけ。私たちが理解している意味での倫理は存在しない。

ガザニガらの主張は正しいか

決定論者は倫理と責任の意味を再定義しようとしている。マイケル・ガザニガは次のように書いている。

> 物理の法則に従う自動車が相互作用すると交通が発生するように、人と人とが相互作用すると責任が生じる。個人の責任とは、集団にかかわる概念である。集団のなかに存在するのであって、個人のなかに存在するのではない。……脳は決定論に従う。ふたり以上の人間は、集団で生きているときには規則に従う。そして、人と人との相互作用から行動の自由という概念が生まれる[12]
> （マイケル・S・ガザニガ『脳のなかの倫理：脳倫理学序説』梶山あゆみ訳、紀伊国屋書店）。

これは実際どういう意味なのか？　要は、自由意志が関係するのは行動の意識的コントロールではなく選択権の有効性だという、両立論のようなものだ。前に確認したとおり、両立論は決定論にすぎない。自由意志は何かほかのもの――一連の選択肢から選べること――だと主張することによって自由意志を救おうとしているが、自由で意識的な熟考が私たちの行動をコントロールするかどうかという問いに対して、答えははっきりノーである。

ガザニガも同じように自由意志を土壇場で救おうとしている。個々の人間としての私たちに自由意志はない、と彼は言う。マクスウェル・テイラーには、自分の思考と行動に対する支配権はない。自由意志は一緒に生きている人々の相互作用から生まれる。道徳的責任は、ひとりの人間には適用されない――人々の相互作用にかかわる概念なのだ。道徳的行為主体性は交通のようなもので、決定論にしたがう人々が出くわすと、どういうわけか生まれるのだという。

もちろん、道徳的行為主体性の概念はそれとはまったくちがうと、私たちは承知している。本章でこれまでに、人の信念は決定しているという主張や、宗教心の生物学的基盤の根拠を見てきた。そのような発見は、生きている人がみな決定論的に脳に支配されていることを実証している――こう主張する神経科学者はガザニガのほかにも大勢いる。準備電位は自由意志を反証すると主張する人たち、意識にのぼる意志は錯覚だと考える人たち、そして薬物が脳におよぼす効果は心の機械的・アルゴリズム的性質を示していると考える人たちは、ガザニガと同じ立場にある。マクスウェル・テイラーと同様、私たちは道徳的行為主体ではなく、ニューロンの相互作用のルールに操られる生物学的装置だという科学的視点も共通している。

ガザニガは、脳が私たちの決断をコントロールしていても、自由や責任などの概念はやはり存在しうると主張する多数のひとりでもある。決定論にしたがう人が集団をつくることで、自由や責任が生まれるからだという。しかしこれが正しいはずはない。自由意志があるということは、問題について熟考し、決断を下し、心が体にその決断を実行するよう意識的に命じることができる、ということだ。ガザニガが言うように、この能力を個々の人間がほんとうに発揮できないのであれば、人間の集団も発揮できない。誰かが行動の責任を負えるということは、その行動は自由に思考によって始められたものだから、特定の道徳的行為主体に帰することができるということだ。しかし個人に自由意志がないのなら――神経生物学的決定論を支持する論法で、行動の自由の可能性は無効になるというのが事実なら――ひとりでいようが、他人と一緒にいようが、その人は道徳的責任も免れるはずである。

ガザニガの研究は、自分の行動を自由にコントロールしているという私たちの感覚を、神経生物学が示唆する決定論と両立させようとする試みではない。私たちが目の当たりにしているのは、自由意志、責任、道徳的行為主体性、そして倫理そのものの否定である。

これらの根本的な人間の能力の否定があいまいな立場でないことを、私たちはもう認めるべきである。現代の科学者の大多数は、しかるべき流れで質問されれば、自由意志の存在や道徳的責任が起こりうるという説を合理的に説明できないと認めるだろう。神経生物学的決定論を裏づける圧倒的な証拠を前にして、このような概念を私たちは思い切ってあきらめなくてはならないのだ。人間の思考と行動はどれも、ニューロンによる処理アルゴリズムに単純化できる。心などというのは時代遅れの概念である。自由意志は錯覚である。責任はつくり話である。道徳的行為主体はもう存在しないと言っても無意味である。なぜなら、ほんとうに言わんとしているのは、道徳的行為主体があったためしはなく、あったのはその錯覚だけだったということなのだから。

第14章

意識の深さを探る

閉じ込め症候群

一九九五年一二月八日、フランス人ジャーナリストで雑誌『ELLE』の編集長、ジャン＝ドミニック・ボービーはひどい脳卒中に襲われ、昏睡状態に陥った。しばらくして目覚めると、病院のベッドに寝ていた。そしてすぐに別のことに気づいた。それは自分が日常生活には二度ともどれないことを意味している。脳卒中のせいで全身が麻痺しているのだ。脳幹が損傷し、意識ははっきりしているにもかかわらず、ボービーは体のほぼすべての筋肉を動かす能力を失った。「閉じ込め症候群」と呼ばれる疾患である。四肢のすべて、胴体のいたるところ、そして顔と首のほぼあらゆる筋肉が動かない。左目をまばたきすることしかできない。誰の目にもボービーは死んでいるように見えた。病院のベッドに横たわった死体のようだ。

しかし彼はいたって元気だった。体はじっと横たわっているが、心は盛んに働いていて、痛みと後悔、切望と憂鬱を感じるだけでなく、思案し、熟考し、アイデアと創造性にあふれている。ボービーは動けないことで自分が終わると考えようとはしなかった。自分の心が衰えることを許そうとしなかった。ボービーの仕事は書くことであり、一連の症状にもかかわらず、書きつづけると決意する。

ボービーは左目のまばたきだけを使って、書きたい単語を一文字ずつ友人に伝えた。[1] 使われるのは、文字を使用頻度別に分類して整理し直したアルファベット表だ。友人は一つずつ文字を指していき、ボービーは書きたい文字が指されたらまばたきで知らせる。単語一つを書くのに何分もかかるので、前もって慎重に選ばなくてはならない。毎日、友人がボービーの伝えたいことを書き取るために来る前に、彼は頭のなかでいくつもの段落を書いていた。経験の蓄えられた内面世界を注意深く進みながら、言いたいことを組み立てる。彼は自分の考えを研ぎすませた。言葉の選択について考え、形容詞や記述動詞を加える。消して、編集して、訂正して、磨きをかける。それをすべて頭のなかで行ない、最終版を記憶して、それを一文字ずつ伝える。二〇万回以上もまばたきをしたすえに、ボービーは一冊の本を書き上げた。タイトルは『潜水服は蝶の夢を見る』[2]。そのなかにこんなくだりがある。

古ぼけたカーテンの向こうから、乳色に輝く朝がやってくる。踵《かかと》が痛い、と僕は思う。頭も痛い。鉄の塊がのっているようだ。体じゅう、重たい潜水服を一式、着込んでしまったようなのだ。……潜水服も、わずかに軽くなったような気がする。すると僕の心は、蝶々のように、ひらりと舞い上がる。したいことはたくさんあるのだ。僕は、時も場所も超えて、蝶々の姿のまま飛んでいく。南米の島ティエラ・デル・フエゴへも、ギリシャ神話のミダス王の宮殿へも。それから愛しい女のもとへ行き、そのかたわらにすべり込んで、まどろむ顔をやさしく撫でようか。それともスペインに城を建て、神話の黄金羊毛を手に入れ、伝説の島アトランティスを発見して、子どもの頃の夢と、大人になってからの憧れを、みんな実現させてみようか[3]（ジャン＝ドミニック・ボービー『潜水服は蝶の夢を見る』河野万里子訳、講談社）。

この本は閉じ込め症候群の入院患者としての経験だけでなく、過去や人生全般についての考え、さらに希望や夢についても話題にしている。彼の体は動かないが、心はバイタリティにあふれていることが描かれている。ボービーは著書が出版された二日後、心不全で亡くなった。

この驚くべき物語について考えていると、疑問がひとつ心に浮かぶ。これもまた決定していたのか？　ボービーが成しとげたことも、本人にはどうしようもないニューロンの計算によって決まっていたのか？　その結論は私にはどこかしっくりこないものがある。

このことについて少し考えてみよう。ボービーが病を克服したこと、最悪の障害にもかかわらず成果を生み出したことは、斜面をころがり落ちる石の動きを支配するのと同じ、一連の公式によって脳内で決定されていたと主張することに、抵抗はないだろうか？　一九九五年一二月に、ボービーの脳の物理的状態がすべてわかっていたら、私たちは彼が左目をまばたきすることによって『潜水服は蝶の夢を見る』を書くと予測できたのか？　あるいは、彼の脳の状態を理解しているからというだけで、私たちが彼のためにその本を一字一句たがわずに書けただろうか？　ボービーの思考と行動は決定していたことに同意するなら、このような含みがあることを受け入れなくてはならない。

この結論にはなんとなく落ち着かないものがあるという私の意見に、あなたもきっと同意するだろう。しかし私たちが自問するべき疑問は、なぜこの不安感があるのか、である。単純に、決定論を受け入れて自由意志へのこだわりをあきらめる気がしないからなのか、それともほかにも理由があるのか？

自由意志は非科学的？

私は自由意志と道徳的責任を切り捨てることに総じて気乗りがしないことは認めるが、ジャン・ボービーの功績に関する決定論者の結論を受け入れがたい理由は、別にあると思う。それは神経生物学的決定論を支持する既存の証拠の種類と関係がある。

その証拠について少し検討しよう。私たちは初めに脳損傷の症例、とくに自由意志の機能障害（呼び方はあなた次第だが）につながると思われる例について論じた。思い出してほしい。脳の機能障害が意志の機能障害を引き起こすのだから、意志は実際に決定している脳の作用にちがいなく、ボービーが閉じ込め症候群の経験に関する本を書くことは決定していたにちがいない、と結論づける人もいる。しかし、この論拠が弱いことは明らかなはずだ。ある種の脳損傷が行動を意識的にコントロールする能力をだめにすることはあるが、その事実は健康な人に自由意志がないことの証明にはならない。

脳損傷とそれが行動におよぼす影響についての理解は、意志の本質を知るには不十分だったので、私たちは具体的な神経学的研究に目を向けた。最初はダマシオのソマティック・マーカーの研究である。ダマシオは、私たちが経験をするときは必ず、とくに情動に影響をおよぼす経験をするときは必ず、生物学的な記録のようなものがソマティック・マーカーというかたちで残されるという理論を立てた。生成されるソマティック・マーカーは、そのあと私たちが知らないところで私たちの決断に影響する。ダマシオはこの仮説を検証するために、前頭葉に損傷のある患者の能力を、目先の利益が得られるリスクの高いカードの山と、長期的に利益が得られる安全なカードの山、どちらかからカードを引くよう求められる、ギャンブル課題のような行動テストを用いて評価している。

私たちは次にベンジャミン・リベットの研究について論じた。彼は電極を用いて、手首を曲げるあいだの被験者の脳内で起こるニューロンの活動を記録した。実験前、被験者は手首を曲げようと意識したときの時間を覚えるように指示される。リベットはこの意識が準備電位（自発的行動の始まりを示すと言われる脳活動の急上昇）の出現よりあとに起こるのを実証することによって、私たちの意識的な願望が行動を引き起こすのではないと結論づけた。

ダニエル・ウェグナーは、私たちは実際には自由意志を使っていないのに、使っていると思い込まされる場合がありうることを示すために、さまざまな実験を行なった。たとえばある研究で、被験者は自分がコンピューターのマウスを使って、カーソルを画面上の対象に動かしていると思い込んでいたが、実際にはカーソルはほかの人にコントロールされていた。

神経生物学的決定論の証拠は、行動予測の研究からも出てきている。アポストロス・ゲオルゴポウロスによって研究されたニューロン群による指定の原理は、被験者の腕が動く方向を予測するのに用いることができる。このことから私たちは、科学者は神経画像を使って筋肉が実際に動く前にどう動くかを把握できることを知った。セントルイスにあるワシントン大学医学部の神経科学者は、被験者の脳活動をモニターすることによって、彼らが単純な（動いている点の集まりが動く方向を判断する）コンピューターゲームで成功するかどうかを予測することに成功した。これらの単純な行動予測の例から、すべての人間行動は理論上予測可能であり、同様のニューロンの作用によって決定されると推論されている。

本書では、調合薬の使用が人格を大きく変容させうること、そして脳内の神経伝達物質レベルの変化が犯罪行動につながりうることも見てきた。そして最後に、私たちの信念は脳によって決定され、私たちは信念形成装置であるというガザニガの主張を検討した。

私はこの機会をとらえて、これらの実験に関する私のコメントは私見にすぎないと言っておかなくてはならない。反論のある科学者や哲学者は大勢いる。実のところ神経科学者のあいだでは、私の考え――両立論抜きで自由意志と道徳的行為主体性を擁護するもの――は確実に少数派の意見であると、私は理解している。自由意志の概念は一般に「非科学的」と見なされている。決定論のほうがエレガントな理論であり、現在の科学的知見と符合するようだとされている。道徳的行為主体性を発揮する能力は、人間の意識の真髄を表わす応用例だと私は確信しているが、その考えは一笑に付され、両立論者の説といっしょくたにされがちである。私に異論を唱える用意のある人は大勢いる。しかし、哲学者のジェリー・フォーダーが言うように、「私はほしいと思うからこそ手を伸ばして取ろうとするのであり……信じているからこそ口に出して言うのであるということが、文字どおりに正しくないのであれば、……私が何かについて信じているほぼすべてのことが誤りであり、それはこの世の終わりである」[4]。これこそ私が固く信じていることであり、本書で擁護しようとしていることである。そこでいまから、これまで取り組んできた疑問について、私の考えをもっとたくさん伝えようと思う。手始めに、決定論に対する科学的な賛成論にもどろう。

ボビーの功績を決定論的に理解しようとするときに感じる戸惑いは、決定論を裏づけるのに使われる証拠の種類に少なくとも一因がある、と私は述べた。証拠は大きく二つに分類できる。第一のカテゴリーには、脳の損傷や異常をともなう実例がすべて入ると考えてほしい。そして第二のカテゴリーに、健康な人を対象に行なわれた研究をすべて入れよう。

脳損傷がどういうふうに行動のコントロール機能を損なうのかに関する議論は、第一カテゴリーに入る。調合薬や神経伝達物質レベルの変化が人間の行動に影響することの議論も同じだ。これらはすべて、脳の変化が意識や行動のコントロールに変化を引き起こす事例である。これらを総合すると、脳の変化が行為の変化を引き起こすのだから、人間の行動はすべて脳によって決定されるはずである、という主張につながる。その主張は次のように表現できる。

① 私たちに自由意志があるなら、脳内の変化で行動の変化は起きないはずだ。
② 脳内の変化で行動の変化が起こる。
③ したがって、私たちに自由意志はない。

このような事例は同じことを主張しているだけでなく、弱点も同じである。この弱点は最初の前提にある。脳内の変化で行動の変化が起こるという単純な事実だけから、私たちに自由意志はないと結論づけるのは合理的でない。たとえば、F-16戦闘機がパイロットにコントロールされることには、誰もが同意するだろう。戦闘機が自動操縦になっていない限り、コックピットにいる人が機の飛行パターンと兵器を管理している。しかし、これを否定しようとする人がいるかもしれない。その人は、コントロールしているのはパイロットではなく、エンジンと兵器システムだと主張する。なぜ？もしあなたがその戦闘機にロケット弾を撃ち込んでエンジンを傷つけたら、飛行パターンが変わるからだ。飛行が不安定になるか、まったく飛ばなくなるかもしれない。同様に、もしあなたが兵器システムをショートさせたら、戦闘機はいきなり爆弾を投下し、ミサイルを発射するかもしれないし、逆にまったく発砲できなくなって無防備になる可能性もある。

ということは、現実にはパイロットは戦闘機をコントロールしていない——しているのはエンジンと兵器システムである――と言える。この論理を次のように書くことができる。

①パイロットがF-16をコントロールしているなら、エンジンと兵器システムの変化で機能性の変化は起こらないはずだ。
②エンジンと兵器システムの変化で機能性の変化が起こる。
③したがって、パイロットはF-16をコントロールしていない。

このかたちにすると、F-16の論法と先ほどの自由意志の論法は明らかに似ていて、最初の前提の誤りもはっきりする。F-16のエンジン損傷が飛行機の動き方を変えることは、誰も否定しない。同様に、人の脳損傷が本人のふるまい方を変えることは、誰も否定しない。パイロットが実際にF-16をコントロールしているかどうか、人に自由意志があるかどうかにかかわらず、この二つの言説は正しい。神経学的薬物を服用することは、F-16の内部プロセッサーを変更するのに似ている。セロトニンまたはドパミンの濃度が低く、その結果として暴力的なのは、F-16の兵器システムに問題があって、その結果として爆弾を投下してしまうことに似ている。つまり脳の損傷が自由意志を弱めるという事実だけでは、自由意志がそもそも存在しないことにはならないのだ。

ダマシオのソマティック・マーカー仮説を支持する証拠の多くが、脳に損傷のある患者の研究から引き出されているが、彼の研究はじつは第一カテゴリーに入らない。なぜなら、ダマシオはソマティック・マーカーの影響が自由意志を排除するとは言っていないからだ。そうではなく、その利用範囲を制限している。思い出してほしい。ダマシオの考えでは、私たちが決断する前にソマティック・マーカーが選択肢のリストを狭めるが、どう行動するかの決断は意識のある心に残されている。先ほどの論法とちがって、これはつじつまが合う。もう一度Ｆ‐１６について考えよう。エンジンや兵器システムの損傷によって、飛行機に対するパイロットのコントロール力は制限されるか、あるいはなくなるのだから、そもそもパイロットには限定的なコントロール力があると推論できる。

人間にも同じことが言える。たとえ私たちに自由意志がほんとうにあっても、自分の体に対するコントロールは完璧ではない。体の能力による限界がある。意識にのぼる意志は、バスケットボールでダンクシュートをしたり、相対性理論を演繹したりする能力を、すべての人に与えるわけではない。道徳的行為主体もＦ‐１６のパイロットも、自身は機械的でないかもしれないが、機械装置に頼っているので力が限定されている。[5] しかし、脳損傷で行動が変化したり終わったりするからといって、私たちに自由意志はないはずだとは主張できない。その論法に根拠はない。

自由意志に反対する論拠の第一カテゴリーが、いま見てきたように不完全であるなら、ジャン・ボービーは本を書くと決定していたのかどうかを判断するときに、私たちが感じる不安の原因にはならないだろう。少なくとも、私はそうでないと考える。問題は第二カテゴリーの証拠、すなわち神経学的に健康な被験者で行なわれた研究にあるのだと思う。

これらの研究に共通する特徴は、用いられているテストの種類だろう。自由意志を否定する人たちに言わせれば、ボービーの意識的な熟考も、回想録をつくり上げるために使ったあらゆる考えもまばたきも、すべてが決定されていたという主張を、このようなテストが実証している。そう強く主張するための基盤は実験テストの信頼性にあり、実験テストによってボービーの行動を決定論的に理解できることにある。

決定論のどこが誤りなのか

リベットのテストは人々が手首を曲げるときの脳活動をモニターした。ウェグナーは被験者に画面上の対象をマウスで指すように指示したが、カーソルは実際にはほかの人がコントロールしていた。ゲオルゴポウロスの研究は、人が腕や脚を動かす方向の予測を可能にした。セントルイスにあるワシントン大学医学部の神経科学者は被験者に、点の集まりが動く方向を特定して、キーボードの四つあるキーのどれかを押すように指示した。そして脳活動をモニターすることで、彼らの答えが正しいかまちがうかを明らかにした。

このようなテストを念頭において、もう一度問いかけよう。自由意志を否定する実験的証拠の内容は、ボービーの行動が決定していたという主張に私たちが感じる不安を、どう説明するのだろう？　証拠をざっと見直して、その説明が少し明確になったかもしれない。

ボービーの熟考の幅広さを考えてほしい。病院のベッドにじっと横たわりながら、ボービーは心の奥底の情動――苦悩、希望、欲望――に関する本を書いた。自分の意見、ユーモア、皮肉、そして独創的な考えを注ぎ込んだ。会話や手話など、なじみのある交流方法でコミュニケーションをとる能力を奪われても、ボービーはただ片目をまばたきするだけで、あらゆる考えを表現することができた。以前はなんの意味もなかった行動から、完璧な言語をつくり出した。この言語によって意識の能力だけを使って、彼は類のない文学作品をつくり上げ、無能な体に閉じ込められた意識のある人間としての闘いを感動的に表現したのだ。

　手首を曲げる、画面上のカーソルを合わせる、腕を動かす、点の動く方向を示す――このような人間の行動が科学的に研究されてきた。決定論者は私たちに、このような行動がニューロンの相互作用によって引き起こされることが示されているのだから、ボービーの行動も同じように引き起こされたにちがいないと考えろと言う。[6]因果関係に関する限り、彼の行為は実験で試された行為とちがいはない。

　しかし、ちがうように思えないだろうか？　ボービーがしたことには、彼の行為を手首の屈曲や点の動きの判断と隔てる何かがある。実験で試された決断や行為は、ジャン・ボービーの決断と同等とは思えない。[7]それとは……ちがう。このちがいがあるからこそ、実験の証拠はボービーの驚異的な功績が決定していたという事実を指摘していると言われると、私たちは不安になるのだ。

　本を書くことは、手首を曲げたり点を見たりするより、はるかに複雑であることはまちがいない。しかし、それではすべての説明はつかない。なんとなく、しっくりこない。手首を曲げようと決断することと、本を一冊まるごと頭のなかで組み立てる（そしてすべての文字をまばたきで示す）ことのちがいは、後者のほうが複雑だということだけなのか？　少なくとも私には、その差はもう少し深いように思われる。

本を組み立てるにあたって、ボービーは内省的で意識的な熟考を行なった。彼の行動には、思慮深く自分を見つめ、自分の経験の意味を解釈する必要があった。ボービーは、自分の人生の独創的な物語を組み立てるために、自分の経験が蓄えられている広大な内面世界から、さまざまな要素を拾い上げ、つなげなくてはならなかった。

このような思考は人間の意思決定の精髄とも言えるものだが、科学的に研究されていない。あなたが腕を動かす方向を予測したり、あなたをだまして画面上のカーソルの動きを自分でコントロールしていると信じ込ませたりすることができるという事実に、人間の決断、思考、そして行為は決定しているという含みはいっさいない。自由意志を否定する確実な証拠は、じつはボービーの行なった深い熟考に取り組んでいないように思える。研究されている決断は、手首の屈曲のように、ほとんど事前の考慮が必要ないものである。だからこそ、そのような研究だけをもとに、ジャン・ボービーに自由意志はないと考えることに不安を感じるのだ。その結論は早計に思える。

ところが科学者のあいだでは、決定論が人間の行動に関する前提として優勢である。しかしこの理論の確証が不十分であるなら、なぜ、これほど広く信じられているのか？　なぜなら、現在の決定論は理論というより世界観だからである。大勢の科学者は、自然界の多くのもの——化学反応、細胞過程、放物運動——が決定しているので、ほかもすべて決定していると信じることにしている。もちろん、例外は量子レベルで起こる相互作用だ。量子力学の過程は決定していない。ランダムである。それ以外のあらゆる自然現象は——人間の思考と行動も含めて——決定しているはずだ、と科学者は言うだろう。なぜなら、これまで研究されている現象はそのように見えるからだ。彼らは圧倒的多数の証拠が自分たちに味方していると信じているが、それは決定論者による盲信である。

この盲信——実験室での物理的相互作用が決定しているのだから、人間の行動もすべて決定しているはずだという飛躍——は、彼らの論法の最も大きな空白を示している。それでも決定論者にとって幸いなことに、彼らの世界観はとくに擁護しやすい。もしその見方に納得しているなら、いかなる出来事についても原因として考えられる決定因子を事後に指摘するのに、なんの苦労もいらない。おそらく聞きおぼえのある次の主張について考えてみよう。

・父親を殺そうとしたサダム・フセインに対する憎しみのせいで、ジョージ・ブッシュは復讐のために戦争を始めたのだから、イラク戦争は決定していた。
・人は自分の欠点と弱さを痛感しているから、ほかの人を侮辱する。
・ドイツ人はベルサイユ条約に憤慨していたため、ナチズムの台頭を支持することになったので、第二次世界大戦は起こることが決定していた。
・ジャン・ボービーが『ＥＬＬＥ』誌で働いていたときの執筆経験が、閉じ込め症候群のせいで経験した苦悩とあいまって、彼に『潜水服は蝶の夢を見る』を書かせた。

ある出来事が起こったあと、決定論的原因のせいだとするのは簡単だが、その説明が正しいとほんとうにわかるのか？　因果の説明がいかに妥当に思われても、誰にも確実にはわからない。ある出来事が別の出来事に先行しているとしても、それを引き起こしたとは限らない。もっと言えば、ある出来事をもたらす要因または影響力であることと、原因であることとは異なる。自分を弱いと感じることが、他人を侮辱するという決断になんらかの役割を果たす場合があることは事実かもしれないが、それがまさに原因であると見なすことも、どれくらいの頻度で影響するかを推定することも、私たちにはできない。ブッシュがサダム・フセインに復讐したいと思っていたことが、ほんとうにわかっているのか、もし思っていたとして、そのことが彼に影響を与えただけでなく、彼がイラク戦争を支持する原因だったと、ほんとうにわかるのか？　第二次世界大戦は、ほんとうにドイツ人が感じていた憤慨によって決定していたのか？　憤りはあっても、戦争は起こらなかった可能性はないのか？　閉じ込め症候群の患者が本を書くことなど、誰も予想しなかっただろう。ボービーがそうすることは決定していたと言うのは理にかなっているのか？　確実な証拠がなければ、これらはすべて仮説と憶測にすぎない。

ではなぜ科学者はみんな、それほど確信しているのか？　先ほど述べたように、決定論は世界観になっている。人々がそれを通して世界を見るレンズになっているのだ。決定論者はすべての出来事を、ひとつの長い因果関係でつながっていると見なす傾向がある——すべての事象を決定論の観点から解釈するのだ。人が自分の説を擁護するようにすべてを解釈しているとき、それはまちがっていると説得するのは非常に難しい。

この効果は次の実話からもわかる。一九七〇年代、スタンフォードの心理学者のデイヴィッド・ローゼンハンは、精神病院で患者がどう扱われるかを知りたいと考えた。そこでローゼンハンと同僚たち(合計八人)は、いくつもの精神病院に連絡して、頭のなかで声が聞こえると訴えた。しかし偽患者(とローゼンハンは呼んだ)は入院するとすぐ、実験開始前に申し合わせたとおり、正常にふるまった。誰も見せかけの症状を呈したり、奇妙な行動をとったりしなかったのだ。普段どおりにふるまい、どんな質問にも正直に答えた。頭のなかの声について訊かれると、その声は消えたと話した。

ローゼンハンの偽患者グループが完全に正気の行動をとったにもかかわらず、病院のスタッフは彼らが行なうことすべてを精神病の兆候と解釈した。ひとりの偽患者は家族について訊かれると、幼いときは母親とのほうが親密だったが、ティーンエージャーになると父親と親密になり、次第に母親と距離を置くようになったと話した。完全に正常な親子関係の変化と思われるようなことを、病院のスタッフは次のように書きとめている。「(患者は)長年、親密な人間関係に対して強い両面感情を示していて、それは幼少期に始まっている。……感情の安定に欠ける」

研究グループのメンバーは各自、自分の観察したことをメモしていた。看護師はそのことに気づくと、新たな病的症候群を発見したとして、カルテにこう記録した。「患者はものを書く行動を示す」

ローゼンハンのグループのメンバーは七日ないし五二日間、精神病院に入院した。いずれも退院するとき、統合失調症または「統合失調症の寛解期」と診断されていた。誰も正気であることを見抜かれなかった。病院スタッフは最初に偽患者が正気でないと思い込んだため、彼らがやることすべてを、意識的にせよ無意識にせよ、その前提を裏づけるようなかたちで解釈したのだ。気づいたのはひとりの本物の精神病患者だけだった。「きみは狂っていない。ジャーナリストか教授だ。病院のことを調べているんだね[8]」

決定論仮説に対するしばしば独善的な信奉は、人々の関心を単純な真実からそらす。科学的な実験から得られた決定論支持の証拠は、ジャン・ボービーの場合のような人間の意思決定のケースに当てはめるにはまったく不十分なのだ。彼の自由意志を否定する試みを見るとき、私たちが感じる不安の源はこれである。研究されている決断と、ボービーの意識的な深い熟考との差異は圧倒的で無視できない。

自由意志は人間行動に対する常識的な見識である。私たちは行動するとき、自分の行為を意識的に自由にコントロールしていると感じる。人間性の理解にとって最も基本的で本質的なものと考える人もいるその認識が、もし排除されるべきであるなら、そう立証される必要がある。したがって、立証責任は決定論者の側にあるのだ。

いまのところ、科学者がテストして、自由意志と行為主体性を否定するために使っている行為は、ジャン・ボービーの場合のような決断とはちがうように思われる。この差を私たちはまだ十分に探っていない。彼の決断に見られる創造性や内省のような面を論じることによって、その差をにおわせはしたが、ボビーが道徳的行為主体であるというのが事実であるなら、もっと具体的なことを言えるはずだ。これまで私たちが示してきたのは、人間の思考と行動はすべて決定していることを疑うべき理由だけだが、自由意志の存在を信じるべきどんな理由があるのだろう？　私たちの理解している道徳的行為主体性が危機に瀕していることを念頭に、これから検討するべき疑問である。

第15章 アルゴリズムは「限りのない問題」を解けない

テロ対策のジレンマ

ＣＩＡのインドネシア支局長は、ジェマ・イスラミアと呼ばれるテロリスト組織の情報を入手する方法を探していた。ジェマ・イスラミアはジャカルタのヒルトンホテルで爆弾を爆発させ、アメリカ人を含む四五人の命を奪ったテロリスト集団である。しかもバンコクのアメリカ大使館を襲い、少なくとも六カ国の国益を損なうさまざまな攻撃に関与した。彼らがさらなる爆弾テロを計画していると、支局長は考えている。

ある日曜の夜、支局長はチャンス到来を知らせる機密書類を受け取る。ジャカルタの情報員が、ジェマ・イスラミアの活動をスパイしてＣＩＡに報告する新メンバーをスカウトしていた。「アコーディオン」というコードネームをつけられた新メンバーは、テロリスト組織のできるだけ奥深くに入り込んで、最終的に中心の幹部グループに取り入るよう命じられた。[1] 組織の重要機密を入手するにはそれしかない。

数カ月後、アコーディオンはまだ機密情報を得られていないと報告していた。爆弾の作成と仕掛けの訓練を受けているが、興味深いことは何も教えられていない。ジェマ・イスラミアの指導者たちは、秘密の計画を任せるほど彼を信頼していないし、彼が自分の実力を示すまで信頼しないつもりだ。テロリスト集団では、メンバーはみずからテロ行為を実行することによって、忠誠心と大義への献身を示す必要がある。

アコーディオンの場合、ジェマ・イスラミアは車の爆破を画策するよう要求した。このテロ集団はメンバー二人を逮捕したインドネシア人警官を殺したがっている。怒りに燃えるテロリスト指導者たちはアコーディオンに対し、忠誠心を証明するために爆弾をつくって警官の車の下に仕掛けろと命じたのだ。暗殺に成功すれば集団に受け入れられ、重要な情報を手に入れやすくなり、それをＣＩＡに送ることができるかもしれない。失敗したり拒否したりすれば、組織から追い出されるどころか殺される可能性が高く、ＣＩＡはテロリスト集団の殺人行為を止める貴重なチャンスを失うことになる。[2]

ＣＩＡ支局長はこの問題の最終決定権を握っており、月曜の朝までに決断しなくてはならない。状況についてもっと詳しく知るための時間はほとんどない。いまある情報でできる限りのことをしなくてはならない。アコーディオンに警官殺しを許可することは、道徳的に受け入れられるのか？

支局長は状況を検討しはじめる。アコーディオンにはジェマ・イスラミアの幹部グループにまで入り込んでほしいし、爆弾を仕掛ければその目的を果たせると思う。しかしそれをどれだけ確信できるのか？　テロリスト指導者たちには彼に情報を明かすつもりはまったくない可能性もある。彼がスパイであることをすでに知っていて、ＣＩＡをだますためにうその情報を流すつもりかもしれない。利益がまったくないかもしれないのに、警官殺しを許せるのか？

しかし、テロリストたちは何も疑っていない気もする。アコーディオンはみずから進んでジェマ・イスラミアに加わった。ＣＩＡが彼をスカウトしたのはそのあとだ。つまり、彼の行動には感づかれて疑われるようなことは何もない。しかし疑問は残る。警官の車を爆破することで、アコーディオンは情報を引き出せるほどテロリストの信頼を得られるのか？　テロリストが次の日に別の殺人を犯すよう命じたらどうする？　何度も要求されたら？　どれくらいのあいだＣＩＡはそのようなテロ行為を支援することになるのか？

支局長は自分の経験から、今回はそうならないだろうと考える。テロリスト集団は警官に逮捕されてメンバー二人を失ったばかりだ。組織はある程度混乱に陥っているだろう。ふだんよりも新メンバー募集のプレッシャーを強く感じているかもしれない。しかも、彼らの関心はいま復讐にある。警官を殺したい、しかもそうすることで地元当局に重大な警告を発したい。したがってテロリストは地元の問題に気を取られていて、アメリカからのスパイについて必要な警戒心を抱いていないだろう。

結局、アコーディオンは信頼を得て秘密をつかめるだろう。

しかしＣＩＡが殺人の発生を許せば、テロリストがインドネシア警察に警告を送るのを許すことにもなる。ジェマ・イスラミアによる警官殺しはテロリスト集団に対する新たな恐怖を警察に植えつけるおそれがある。警官は集団のほかのメンバーの追及を思いとどまり、警察はジェマ・イスラミアに譲歩するようになるかもしれない。

この行動がアメリカ国民にどう映るかという問題もある。もちろんＣＩＡは秘密にしようとするが、いつまで秘密にしていられるか？　情報は将来いつか必ず発覚するし、その代償は計り知れない。アメリカ国民の政府に対する評判は地に落ちる。『ニューヨーク・タイムズ』紙の一面にこんな見出しが載るだろう。「警官殺しの策略を認めたとして捜査当局がＣＩＡを非難」。コラムニストは、テロとの戦いの手段としてテロを利用することによってアメリカは無法国家に転落したと騒ぎはじめる。それほどの深みにはまるとは、アメリカの状況はどれだけ悪いのかと人々は思うだろう。アメリカは諸外国との関係において、倫理的に有利な立場を失うおそれがある。殺人を許可することは、越えてはいけない一線を越えることかもしれない。

その一方で、支局長はいずれにしても無実の男性の死を引き起こすことになるのではないか？　もしアコーディオンがテロリストの命令にしたがうのを禁じれば、彼が殺されるのはほぼ確実だ。爆破実行を拒否することは、背信のしるしと受け取られる可能性が高い。テロリストの指導者は集団の目の前で彼を殺すことによって、見せしめにするかもしれない。したがって、支局長は警官殺しを許可しなければ、代わりにアコーディオン殺しを許すことになるだけだ。

実際には、アコーディオン殺しは警官殺しと同等ではないだろう。ＣＩＡにスカウトされていなかったら、彼はジェマ・イスラミアの最も危険な人物のひとりになっていたかもしれない。とはいえ、彼はまだ何も悪いことをしていない。罪を犯していないのに、彼は死んでも仕方がないとはＣＩＡにも言えない。ＣＩＡに協力する気があるということは、動機はテロリズム以外にあったのかもしれないとも言える。彼が殺されるのを許すことには、おそらく道徳的問題があるだろう。

それでも、アコーディオン殺しを許すことは、警官殺しを許可することほど悪いとは思えない。第一に、アコーディオンはまちがいなくリスクを認識しながら任務を受け入れることに同意した。どう見ても彼はＣＩＡの工作員として働いているのであり、したがって一般市民と見なすことはできない。彼は危険な任務を帯びるスパイなのだ。第二に、工作員を死につながる危険な状況に置くことと、無実の男の殺人を直接公認することとでは、明らかに倫理上のちがいがある。軍司令官はよく戦略的なミスを犯す。兵士を地雷原や敵が待ち伏せている場所に送り、あとで兵士たちの死に対する責任という重荷を負わなくてはならない。しかし、無実の男の殺人を直接公認する――すべての許可を与える――ほうが、道徳的問題ははるかに大きい。それはアメリカの人道的評価を傷つける行動だ。ジェマ・イスラミアよりよほど大きいダメージをアメリカに与えかねない。だからこそ支局長は、警官の車の爆破を許可できないと決断する。そして月曜の朝、否認を知らせた。

経験と熟考

支局長のジレンマに対する答えを出すのに必要な道徳的推論を行なうアルゴリズム、つまり一連の公式からなる緻密な数学的手順を、科学者がつくりたいと思ったとしよう。どうすればうまく働くだろう？　アルゴリズムには、うそをついてはいけないとか、人命を守るべきであるというような、道徳原則を表わす一連の変数が含まれることになる。このようなルールすべてに数値が割り当てられる。原則が重要であればあるほど、数値は大きくなる。たとえば、人命を守るべきというルールのほうが、うそをついてはいけないルールより数値は大きい。したがって、そのアルゴリズムを使って「命を救うためにうそをつくのは道徳的に受け入れられるか？」という疑問への答えを計算するとしたら、受け入れられるという答えが出るだろう。公式は、うそをついてはいけないルールの値と、人命尊重のルールの値を比較し、命を救うほうを支持する結果を返す。複数の道徳ルールがかかわる意思決定の場合、それぞれの数値を加算したり、どちらの側がいいかを算出する公式を当てはめたりするステップを、アルゴリズムに盛り込むことになる。支局長の場合のような問題では、大量の統計を分析したうえで確率を計算して予測を生成するステップが、アルゴリズムに組み込まれる。アルゴリズムはきわめて複雑な公式と計算を使って、道徳的ジレンマの変数を入力として受け取り、それを数学的に処理し、結果の数値をはじき出す。アルゴリズムの設計者によれば、その結果は適切な道徳的進路を示している。

支局長が道徳的問題を熟考して解決するやり方は、アルゴリズムが答えをはじき出す方法とはまったくちがう。両者ともジレンマに同じ反応を示すかもしれないが、その答えを考え出す方法は似ても似つかない。アルゴリズムはジレンマを一連のルールとして表わし、一連の数値として保存してから、結果を生み出すために数学的機能を応用する。一方、支局長が自分の判断を熟考するやり方には、秩序だったもの、アルゴリズムのようなもの、あるいは数学的なものは何もないように思える。いずれかの行動を選択した結果としてありえる筋書きを想像し、頭のなかで思い描き、自分の経験に照らしてじっくり考え、直感と判断力を駆使して最も倫理的な行動の方向を決断する。彼はどんな定石にも緻密なステップにもしたがっていない。

個人的に私は、道徳的推論のプロセスを一連の秩序だったルールとして表現するのは意味をなさないと思う。あなたも先ほど気づいたかもしれないが、私たちがジレンマを解決するために列挙したルールは、その複雑さを説明していない。それはルールを十分に列挙しなかったからだと言いたい人もいるかもしれないが、その主張に私は賛成しかねる。どれだけたくさんのルールがつくられても――使われる公式やアルゴリズムがどれだけ複雑でも――ルールにもとづくシステムでは、人間の道徳的意思決定プロセスの深さを説明できるわけはない、と私は思う。

ＣＩＡ支局長の決断を考えよう。どんなルールを考え出せば、問題のあらゆる側面、その問題に関する彼の考察、そして解決のための戦略を表現しきれるだろう？　表面的には、支局長はそれほど多くの概念に対処しているように思えないかもしれない。関連する道徳原則は、人命を尊重しなくてはならないとか、百人が死ぬより無実の一人が死ぬほうがましであるなど、それほど多くはない。ジェマ・イスラミアの危険について考慮すべきデータがあり、それは脅威を理解するうえで重要だ。テロリスト集団の新メンバーがどうやって指導者の信頼を得るかについての情報もある。

そのような情報を合算すれば、問題の解決策を練り上げるのに十分ではないのか？ 答えはノー。事実をいくつまとめても、問題の深さをきちんと表現するには十分でない。なぜかって？ 見逃される細かい点がつねに数えきれないほどあるからだ。たとえば、人命を守らなくてはならないという道徳原則を考えよう。それがどういう意味か、どうすれば理解できるのか？ そのような原則を擁護するための秩序だった証明――ルールや公式のリスト――を誰も示していない。私たちの理解の基盤は、人間の歴史や世界の人々の相互交流についての豊富な知識だ。死、苦しみ、悲しみ、奮闘、成長、誕生、若さ、喜び、希望、努力、成功などの概念、つまり私たちが経験から学ぶものを、把握しているから理解できている。人命の尊さについて教えてくれるのは、私たちの経験である。事実や公式のリストではない。

支局長がジェマ・イスラミアによるテロ行為の歴史に関するデータや、テロリスト集団の新メンバーが昇進していく方法についての統計に目を通し、それにもとづいて判断を下すとき、彼が与えられた情報を解釈できるのは幅広い経験があるからだが、本人はそれを当然と思っている。アコーディオンについて決断するためにデータの重要性を検討するには、テロリストとは何か、爆弾とは何か、テロリズムの背後にある原理、暴力の本質、テロリズムの感情的影響、恐怖の力、敵の考え、紛争の危険、さらには階級の意味、秘密を守ること、信頼を得ること、約束とは何か、忠誠心とは何か、合意はどうして形成されるか、人間関係はどうやってつくられるか、献身とは何か、人はどうやって自

E	K	4	7

分の実力を証明するのか、同盟の強さ、そのほか数えきれないほどの考えを理解しなくてはならない。とても列挙しきれないくらいたくさんの概念がある。このあとの何百ページも埋めることができるが、それでも十分ではないだろう。リストの考えそれぞれについて、また何百ページも書くことができる。忠誠心、約束、暴力、人間関係などの観念について、何冊の本が書かれているだろう？　前提や公式の単純なリストにまとめられない概念もある。真の意味でそれらを理解するために、人は経験をしなくてはならない。

　意識的な経験が人間の論理的思考に果たす中心的役割は、単純な論理パズルへの取り組み方にも見られる。あなたの前のテーブルの上に、四枚のカードが並べられているとしよう。それぞれに文字か数字がひとつ書かれている。

　文字カードの裏面には数字が書かれていて、数字カードの裏には文字が書かれている。ここで、次のようなルールを与えられたとしよう。「カードの片面に母音が書かれている場合、裏面には偶数が書かれている」。問題はここからだ。ルールが有効かどうかを試すには、どのカードを裏返す必要があるだろう？　やってみてほしい。[3]

　答えは、最初のカード「E」と四番目のカード「7」を裏返す、である。Eは母音なので、最初のカードは裏面に偶数が書かれているはずだ。そうでなければルールはまちがっている。四番目のカードは奇数の7が書かれているので、裏面は母音ではな

ビール	コーラ	22	16

いはずだ。母音ならルールはまちがっている。二番目のカードはどうでもいい。子音はルールに出てこないからだ。三番目の4のカードもどうでもいい。なぜかって？ ルールは片面が母音なら裏面は偶数だと言っているだけだから。片面が偶数で裏面が子音である可能性は排除していない。したがって、真ん中の二枚の裏面に何が書かれているかは問題ではない。両端のカードを裏返すだけで、ルールが正しいかまちがっているかを証明できる。わかっただろうか？ どれくらい時間がかかっただろう？

このパズルを大学生グループに与えたところ、大半の学生はまちがった。ところがまったく同じ問題を、少し形を変えて（別のグループに）与えたところ、ほとんどの学生が正答した。新しいバージョンは次のとおりだ。テーブルに四枚のカードが並んでいる。それぞれに、誰かが飲んでいる飲みものの名前か、人の年齢が書いてある。考えるべきルールはこうだ。「人がビールを飲んでいるとき、その人は二一歳以上でなくてはならない」。このルールが正しいか誤りかを証明するために、どのカードを裏返す必要があるか？

この問題は簡単だ。最初のカードはビールを飲んでいる人を表わす。その人が二一歳以上であることを確認するために、このカードを裏返したほうがいい。最後のカードは一六歳を表わしている。その人がビールを飲んでいないことを確認するために、これも裏返したほうがいい。二番目のカードについては、コーラは誰が飲んでもいいので裏返さなくていい。三番目のカードも裏返さない。なぜなら、私たちのルールでは二二歳が飲めるものに制限はないからだ。したがって答えは前と同じように、一番目と四番目のカードだけを裏返せばいい。[4]

この形式のほうがパズルはずっと簡単だ。ほとんどの人が正解する傾向にある。ところが、最初のパズルにはほとんどの人が苦労する傾向にある。妙なのは、どちらも同じ問題であることだ。構成は同じ、必要な論理戦略も同じ、正解も同じである。数学的アルゴリズムなら、意味のちがいを無視して、どちらの場合もまさに同じ一連のステップを踏んで、同じ時間で解決するだろう。しかし私たちは二番目のパズルのほうが簡単だと思う。二番目のパズルのほうがうまく正解できるし、短時間でできる。

その理由は、私が思うに、人間の論理的思考は純粋にルールにもとづいているわけでも、アルゴリズムでもないからである。ＣＩＡ支局長のように、私たちは問題を熟考するとき、たんなる一連の公式ではなく意識にある経験に頼る。先ほどのパズルは最初の形式では、私たちの経験と強いつながりがない。私たちが抱く世間のイメージに訴えてこない。たんなる論理の問題であって、それに私たちは数学的に取り組まなくてはならない。ところが同じ問題が私たちの経験——たとえば飲酒年齢の理解——に訴えるような形式で与えられると、私たちの頭のなかでひらめくものがある。ここから見えてくるのは、人が意思決定するときには、意識にある経験に頼ることを示す実例である。人間の論理的思考はアルゴリズムではないのだ。

やり方はどうであれ、私たちも、数学アルゴリズムを実行するコンピューターも、論理パズルを解くことができる。しかし、アコーディオンとテロリスト組織の問題に正しく取り組むことができるのは、私たちだけである。その理由は、すでにわかっている二つの事柄から引き出せる。第一に、ルールにもとづくシステム、つまりアルゴリズムのシステムは、先ほど取り組んだ論理パズルのような、ルールがきちんと定義されている問題しか解決できないことはわかっている。第二に、アコーディオンについてどうするべきかの決断は限りのない問題、厳密な一連のルールで定義できない問題である。結論はどうなるか？　ルールに縛られたシステムは、その決断に取り組むことはできない。その論法は次のようになる。

①ルールに縛られたシステムは、論理形式上の限りのある問題にしか対処できない。[5]
②アコーディオンの筋書きは限りのない問題である。
③したがって、ルールに縛られたシステムはアコーディオンの筋書きに対処できない。

私たちは決定論的システムではない

閉じ込め症候群の患者だったジャン・ボービーの話を思い出してほしい。ボービーが著書『潜水服は蝶の夢を見る』を書くことはニューロンの相互作用で決定していた可能性について検討したとき、私たちはある種の落ち着きの悪さを感じたが、正確に何が不安なのかわからなかった。いまはわかる。答えはすでに手中にある。決定論的システムはルールに縛られている。ボビーの行動が決定していたなら、彼の本――そのあらゆる単語――は一連のアルゴリズムと方程式のアウトプットだったはずだ。つまり、十分なデータが与えられていたら、どのページに書かれる単語も数学的に推論できただろう。彼の人生経験、苦悩、欲望、そして心の奥底の考え――すべて方程式の因数であって、その方程式が病院のベッドから彼がまばたきによって発した単語を決定した。これこそが、ボビーを決定されたシステムと呼ぶことに感じられる、あの疑わしさの正体なのだ。

ある事象が決定していたということは、物理の法則によって決まる事象の自然な連鎖の一環として起こった、ということである。世界の自然法則によると、その事象は必然的に起こるはずだった。システムが決定論的だということは、そのシステム内のすべての事象は、そのように秩序だった法則によって決定されている、ということである。すべての決定論的システムはそのように働いているのであり、厳密に定義された一連のルールによって制限されている。

決定論的システムがルールに縛られていて、ルールに縛られたシステムはアコーディオンの問題に対処できないのであれば、決定しているシステムはこの問題に対処できないというのが事実であるはずだ。論理は次のとおり。

① ルールに縛られたシステムは、論理形式上の限りのある問題にしか対処できない。

②決定論的システムはルールに縛られたシステムである。
③したがって、決定論的システムは論理形式上の限りのある問題にしか対処できない。
④アコーディオンの筋書きは限りのない問題である。
⑤したがって、決定論的システムはアコーディオンの筋書きに対処できない。

私たちはここで、本章の冒頭で考えたジレンマは、決定論的システムには解決できないものであることを示したわけだ。しかし、私たちはそれを解決できるのであり、そのことは人間としての私たちについて何かを伝えている。私たちは決定論的システムであるはずがないと伝えているのだ。こう考えてほしい。

①決定論的システムは、アコーディオンの場合のような限りのない問題に対処できない。
②人間は、アコーディオンの場合のような限りのない問題に対処できる。
③したがって、人間は決定論的システムではない。

決定しているシステムに解決できない問題を、私たちは解決できる。したがって、私たち自身は決定しているシステムではない――これこそ、少なくとも私が強く主張することだ。[6]

本書の第1章で、神経生物学的決定論と責任の問題を最初に説明したとき、次のように述べた。時刻Aに人が問題に気づき、時刻Bに解決策を決めるとしよう。彼の熟考を邪魔する外因がほとんど、またはまったくないとして、時刻Aにおける彼の脳の状態が時刻Bにおける彼の決断を決めるのなら、自由意志と道徳的責任は存在しない。

私たちは決定論的システムではないとする立場を受け入れるとき、私は時刻Aにおける脳の状態は時刻Bにおける決断を決定しないと言っている。

時刻Aにおいて、ジャン・ボビーは病院のベッドで目覚め、閉じ込め症候群によってどうしても動けないとわかる。時刻Bにおいて、ボビーは死んだも同然の体で過ごした精神生活の感動的な回想録、『潜水服は蝶の夢を見る』を完成させている。AからBの期間、ボビーは意識的な内省からほとんど気をそらせることがなかった。原稿を完成させる仕事と、意識の機能低下に逆らう苦闘について考えていた。

CIA支局長は時刻A、つまり日曜の夕方、予想されるアコーディオンの任務に関する書類を受け取った。時刻B、つまり月曜の朝、支局長は倫理的理由からその任務は中止すべきだと指示した。ひと晩で決断を下すので、支局長は状況についてすでに持っている以上の情報を集めることはできない。どうすべきかを決めるために、頼れるのは自分の経験と道徳に関する熟考だけである。

私に言わせてもらえば、時刻Aにおけるボビーと支局長の脳の状態が、時刻Bにおける決断を決めたはずはない。なぜなら、もしそうなら、『潜水服は蝶の夢を見る』の言葉や、支局長の道徳に関する論理的思考の込み入った細部は、なんらかの数学的アルゴリズムが生み出したことになる。創意あふれる原稿を書いたり、戦略的情報について道徳の観点から熟考したりという難題は、ルールにもとづくシステムだけでは対処できない「限りのない問題」だと私は考えている。しかし、私たちはそういう問題に対処できるうえ、その対処に成功しているので、過去の道徳的決断の文献や記録が、人間の歴史や社会の進化を洞察するための基本ツールになっている。

人間の思考とアルゴリズムのちがいとは？

人間の論理的思考とアルゴリズムによる処理には差があると私は思うが、それを示すために、先ほどの二つの例ほど複雑な事例を使う必要はない。道徳に関係するかどうかにかかわらず、単純な決断でもその差異は明らかなのだ。たとえば、次の出来事を考えてみよう。

金曜の晩、一台の都バスが左側面に大きなへこみをつくって主要ターミナルにもどる。そんな遅い時間にバスに乗客はいない。翌朝、その傷について訊かれた運転手は、当て逃げに遭ったのだと言う。彼の話によると、ターミナルにもどる途中でバスを止め、脚を伸ばそうとちょっと散歩に出かけた。もどってくるとバスの左側面がへこんでいるのを見つけたが、その傷を誰がつけたにせよ、何も書き置きを残していなかった。

翌日、主要バスターミナルから遠くないところで、木が傷つけられたという報告があった。傷ついたあたりに青い塗料がついている。さらにバスを調べたところ、運転席の下にウォッカの空き瓶が見つかる。[7]

この事例について、次の二つの質問をされたと考えてほしい。

① バスに何があったのか？
② この事故の道徳的責任を負うのは誰か？

最初の問いに答えるために、まずこちらから質問したい。「バスは何色なのか？」。想像がつくだろうが、バスは青い。そのことを念頭に置くと、バスが木に突っ込んで、左側にへこみをつくり、バスの青い塗料が木にこすりつけられたという話がもっともらしく思われる。運転席の下でウォッカの空き瓶が見つかったこととあわせて考えると、運転手が当て逃げされたとうそをついていた可能性があるように思える。運転手は金曜の夜に酒を飲んでいたというのが、いちばん妥当な説明に思える。判断力と反射神経が鈍っていた運転手は、ターミナルに向かう途中にバスをコントロールできなくなり、木にぶつかった。だからへこみができた。したがって、第二の問いに対する答えも明白である。運転手はバスの損傷に道徳的責任がある。

この問題を解決するのは難しくない。支局長の筋書きよりはるかに単純だ。しかし前と同じように、問題とその解決方法を理解する過程は一連のルールとして表現できない。アコーディオンの場合と同様、状況を検討するときに考慮できる関連の概念は数えきれないくらいある。限りのない問題なのだ。

たとえば、バスは道路を走る移動車両であり、路面が重みを支えられることを知っておかなくてはならない。バスには動きの方向と速さをコントロールできる運転手がいる。運転手はふつう、バスをレーンの内側に保つと考えられている。許容されるレーンは道路の右側にある。しかし運転手がミスをして、バスを別の方向にそらせてしまうこともある。さらに、ウォッカは大衆向けの飲みものであること、ウォッカはアルコール度数が高いこと、アルコールは反射神経を鈍らせること、反射神経が鈍っている運転手はバスのコントロール力を失うおそれがあること、コントロールされないバスは事故を起こしやすいこと、道路沿いにはよく木が生えていること、木は固いこと、ちゃんと運転されていないバスは木にぶつかるおそれがあること、バスは金属でできていて、強い力がかかるとへこむ場合があること、木は静止していること、動いているバスと静止している木のあいだに起こる衝撃はバスをへこませるおそれがあること、塗料は接触によって物体から物体に移りうること、金属のへこみは自然には直らないこと、バスの側面のへこみは事故のしるしであること、事故は調査される傾向があること、自動車事故の調査では責任のある人を探す傾向があること、酔ったバス運転手は運転中に起こるあらゆる事故の道徳的責任を負う可能性があることも、私たちは理解しなくてはならない。

しかもそれは、問題を解決するために必要な経験の一端にすぎない。バス、道路、交通、木、金属、塗料、アルコール、酔い、判断力、反射神経、速さ、衝突、うそ、そしてバス運転手のやる気と行動について、もっといろいろなことを把握する必要がある。

アルゴリズムはこの筋書きを、私たちと同じように分析することはできない。状況に関係がありえる情報の量は無限である。どの情報が関係するかを判断する標準的な方法はない。そして関係する概念がわかっても、それを解釈する方法が無数にある。一連の厳密な手順をどう使えば、どんな微妙な概念が必要かを判断し、それを説明の構成に適切に組み込むことができるのだろう？　バス内のガラス瓶の存在とバスがへこんでいる事実のあいだに、本質的な関係はない。もっと言えば、論理のルールにしたがっても、そのような瓶の発見が物的損害の原因や公共交通機関の従業員の正直さについて何かを示すはずであるとはわからない。それをつなげて、その意味と影響をじっくり考えるためには、意識のある存在が経験の蓄えられた内面世界を歩きまわらなくてはならないのだ。

この単純な事例が意味することは、複雑な事例が意味することと同じである。私たちは限りのない問題に対処できるが、決定しているシステムは対処できないのだから、私たちが決定しているシステムであるはずはない。これをまた箇条書きにしてみよう。

①決定論的システムは限りのない問題に対処できない。
②人間は限りのない問題に対処できる。
③したがって、人間は決定論的システムではない。

これが重要な結論であることはたしかだが、私たちに自由意志や道徳的行為主体性があることはまだ立証されていない。人間の論理的思考は決定されていない――ルールにもとづいていないしアルゴリズムではない――ことはたしかに事実かもしれないが、それは私たちに自由意志があるということではない。つまり私たちが道徳的行為主体であるということではない。人間の意識的な意思決定プロセスは決定していないことはわかっているが、最大とも言える疑問がまだ残っている。秩序だったルールで働くのでないなら、ほかにどうやって心は働くのだろう？

第16章 内面世界を意識的に旅する

最も妥当な筋書きを求めて

嵐が始まったとき、アメリカ軍野営地は暗かった。滝のような雨に巡回中の一〇名あまりの兵士はびしょ濡れだ。空の闇を破るのはときどき光る稲妻だけ。野営地から八〇〇メートルほど離れた持ち場で、チャールズ・ウェストフォール二等軍曹は不安を募らせている。一〇名いる彼の分隊は通例の巡回命令を受け、夜間の歩哨に立っているが、嵐が始まって次第に状況に対応しにくくなっている。容赦ない豪雨のせいで視界がきかず、さらに悪いことに、なんらかの機械の故障ですべての通信手段がダウンしている。

兵三〇名の小隊の構成員として、彼と部下がこの敵地に到着したのはほんの二日前のことだ。彼らがこの場所に野営することにしたのは、戦略的に敵の基地に近かったからであり、ウェストフォールの知る限り、敵は彼らの存在に気づいていない。幸い野営地を訪れるのは、あたりを歩きまわるシカと、近隣の町から迷い込む民間人くらいのものだ。その場所の唯一の問題は、何年も前の戦争で埋められた地雷が残っている区域に近いことである。そのあたりの地雷は除去されているはずだが、軍情報部は見逃されてまだ埋まっているものがあると疑っている。安全を期すために、小隊はその区域に近づかないよう指示されていた。

そんな指示もウェストフォールにはあまり安心材料にならない。遠くで小さな爆発音のような音が聞こえた。心臓がどきどきしてくる。部下の誰かが誤射したか、誰かが地雷を踏んで重傷を負っているかと考える。そしてあらゆる方向に目を走らせる。この天候では、その周辺に散開している部下を誰も目視できない。音は前方左のほうから聞こえた——地雷原とされているあたりだ。顔に雨水をしたたらせながら、ウェストフォールは狙撃ライフルを取り上げ、ゆっくりと野原を見わたす。あそこで何が起きたのか？　突然、その方向から人影のようなものが近づいてくるのが、土砂降りの雨の向こうに見える。望遠照準器ではぼやけているが、見たところ三人から五人いる。爆発現場に向かって、つまり野営地に向かって、足早に移動しているようだ。

誰がその方向から野営地に近づいているのだろう？　ウェストフォールにある考えが浮かぶ。あれは敵の隊か？　数キロしか離れていない基地から来たのかもしれない。野営地は警備が手薄で、ウェストフォールは「野営地を脅かす者は誰であれ撃て」と命令しているが、どうしても避けられない場合を除いて、分隊の位置を知られないようにするのが賢明だと考えている。しかしウェストフォールは、自分の部下たちは敵よりおおいに有利だと自覚している。自分たちの狙撃ライフルのほうが敵の機関銃より射程距離がはるかに長い。敵兵と交戦するなら、相手が射程距離に入ったらすぐ、あまり近づく前にやるのが最も効果的な戦略だとわかっている。そうすれば、敵の弾丸は十分な距離を飛ばないので応戦できない。近づいている人影がほんとうに敵兵だとしたら、いまこそ発砲を始めるときだ。

しかし人影が自分の分隊員だったらどうだろう？　中立派だったらどうする？　ひょっとすると民間人かもしれない。ウェストフォールは、CIAの支局長やバス事故の捜査官、そしてジャン・ヴァルジャンが直面したような、限りのない問題に直面している。通信手段がダウンしているうえに、視界が限られていたため、ウェストフォールは持っている情報を利用して、いま戦場で起こったことの全貌を明らかにし、さらにどう反応するかを決断しなくてはならない。そして残された時間はなくなりつつある。

ウェストフォールは自分が見たり聞いたりしたことについて、ありえる説明を考えはじめる。自分の経験とこの状況の前後関係から、頭のなかで次のリストを組み立てる。

① **部下のひとりがまちがって発砲した。**遠くの人影は、何が起こったかを確認しに来ている分隊のメンバーである。撃つな。

② **敵兵が発砲した。**部下のひとりが敵の手榴弾か銃撃ですでに殺されているかもしれない。遠くの

人影は野営地を見つけたゲリラ兵である。やつらは攻撃を開始しようとしている。撃て！

③**部下のひとりが地雷を踏んだ。**嵐のせいであの区域をうまく進むのが難しい。味方の兵がコースをはずれ、結果的に踏んではいけないところを踏んでしまった。遠くの人影は、何が起こったかを確認しに来ている分隊のメンバーである。撃つな。

④**敵兵が地雷を踏んだ。**彼らは古い地雷原のことを知らないのだろう。遠くの人影は野営地を見つけたゲリラ兵である。やつらは攻撃を開始しようとしている。撃て！

⑤**シカが地雷を爆発させた。**このあたりには野生生物がたくさんいる。シカか何かの動物が野原の危険区域を走りまわっていて、地雷を爆発させた。遠くの人影は、何が起こったかを確認しに来ている分隊のメンバーである。撃つな。

⑥**裏切られた。**小隊の誰かがこちらの居場所を敵にばらした。彼らは野営地を攻撃するために敵の隊を引き連れてきた。そして裏切り者か敵兵が地雷を踏んだ。ほかの敵兵はその後ろにいて、巡回中の部下たちを待ち伏せて襲おうとしている。撃て！

⑦**民間人が地雷を踏んだ。**近くの町の人が友人と一緒に家まで歩いていた。彼が地雷を爆発させ、何が起こったかを確認するために友人が駆け寄ってきている。撃つな。

⑧**敵の斥候が地雷を踏んだ。**敵は野営地について知らない。彼らは攻撃しに来たのではない。あの人影は巡回中の斥候で、古い地雷原に迷い込んでしまったのだ。そのうちのひとりがたまたま地雷を爆発させた。彼らが野営地を見ていれば、上官に位置を報告するだろう。撃て！

⑨**自分の感覚を信頼すべきではない。**私はここで何時間も狙撃ライフルを構えている。深夜で疲れ切っている。雨のなかでほとんど何も見えない。私が聞いたのは爆発音ではなかった——ただ遠くでとどろく雷鳴だったのだ。あれは人ではない。木と茂みが風で動いているのだ。撃つな。

ここまで、ウェストフォールは意識して熟考するなかで、目の前の問題を解釈し、何が起きたかについて考えられる説明をいくつも組み立て、自分がどう反応するべきか（撃つべきかどうか）をすばやく考えた。狙撃ライフルを撃つか撃たないかの決断は、彼がどの説明を受け入れるか次第である。そこでいちばん妥当なものを決めるために、彼の心は自分がつくり出した筋書きそれぞれをさらに検討する。

ひとつの可能性はあっさり排除された。ちょっと落ち着いて注意深く見るだけで、ウェストフォールは自分が混乱しているわけでも幻覚を見ているわけでもないと確信する。こちらに向かって動いている遠くの人影があるのはまちがいない。しかしそれは誰で、なぜそこにいるのだろう？　彼の熟考は続く。

「シカが地雷を爆発させて、あの人影は何が起こったか確認しに来ている部下なのか？　それは疑わしい。私が爆発音を聞いてからほんの数秒で現われたということは、爆発は彼らの見えるところで起こったということだ。シカだということがわかっただろう。たしかに嵐のせいで視界はかなり限られている。それでも、シカの死体と人間の死体を見わけられるくらい、爆発に近かったという事実は変わらない。であれば、シカの死体を確認するために地雷原に近づく危険は冒さないだろう」

「民間人が爆発させたはずもない。こんな遅い時間に土砂降りのなか、いちばん近い町からでも数キロ離れた場所を、誰が散歩しているだろう？」

これらの可能性を排除したあと、ウェストフォールはさらに残りの可能性を検討する。

①部下のひとりがまちがって発砲した。
②敵兵が発砲した。
③部下のひとりが地雷を踏んだ。
④敵兵が地雷を踏んだ。
⑤裏切られた。
⑥敵の斥候が地雷を踏んだ。

「地雷が爆発する音は、味方の小隊や敵が持っている携帯武器の音とちがう。この嵐のなか、土砂降りの雨で雷鳴がとどろいていても、私が爆発音を聞きまちがえるとは思えない。あの音は地雷作動の音によく似ていて、銃器のものとはまったくちがっていた。誤射にしろ意図的にしろ、発砲した者はいない」

「それなら誰かが地雷を踏んだのだが、誰が？　私の分隊の兵？　裏切り者？　敵兵？　斥候？　私の分隊の誰かだったはずはない。私の指揮下にある者は全員、地雷について警告されている。この嵐がどんなに激しかろうと、あえてあの区域に近づくほど馬鹿なやつはいない。それに私は部下を別々に巡回に送り出したのだから、あの人影が私の部下であるはずはない。三人か四人が一緒にいる理由がない。裏切り者はどうだろう？　野営地を攻撃するために敵の小隊を手引きしている可能性はあるか？　いや。たとえ誰かが裏切って、こんなふうに敵を連れてきているとしても、地雷原を迂回して手引きするはずだ」

「では、地雷を爆発させたのは敵兵か斥候にちがいない――いずれにしても撃つべきだと思われる」

ウェストフォールは武器の用意をする。しかしそうしながら、自分の考えに疑問を抱きはじめる。もしあの人影が野営地について知らない敵の斥候だったら？　最初の考えはいずれにしても発砲することだったが、それは最善の行動ではないと気づく。

「私がいま撃てば、自分の居場所――野営地の位置――を明かすことになる。もしあいつらが斥候で、誰かひとりでも逃げおおせたら、基地にもどって指揮官にこちらの居場所を報告するだろう。ここでの作戦は完全に妨害され、朝までには敵の大隊が襲ってきて、こちらの小隊を全滅させるだろう。あの人影がアメリカ軍の存在を知らない敵の斥候だというのが事実なら、銃撃してこちらの位置を明かしてはならない」

「しかし、敵の斥候が通常の巡回で基地から何キロも離れ、たまたまここにたどり着くというのはありえないように思える。いや、あそこにいるのが誰であれ、やつらはわれわれがここにいるのを知っている。やつらは敵兵だ。そのひとりが地雷を踏んだのだ。残りのやつらが射程圏内に入るまで近づいてきて、攻撃を始めるだろう」

ウェストフォールはこの筋書きがいちばん妥当だと認めるが、銃撃を始めない。あの人影がほんとうに敵の戦闘員なら、やっつけるべきだとわかっているが、現時点で攻撃行動を正当化するには状況に疑いの余地がありすぎると判断するのだ。相手が何者で何をするつもりかについて、もっと情報を得られないうちに、正体不明の人を撃ちはじめるのは無責任だと決断する。

思索的内省

この話で、ウェストフォールは限りのない問題を考え抜き、心を決めることができている。この問題を限りのないと呼ぶのは、生じたときに決まった枠組みがないからだ。どんな情報が関係しているか、あるいはしていないかを特定するのに役立つガイドラインが何もない。さらに重要なこととして、そのジレンマは、アルゴリズムを当てはめることによって解決できるような厳密なルールや公式として表現できない。それでもウェストフォールはなんとか自分の状況を検討し、一連のありえる説明を考え出し、いちばん妥当なものを選び、最善の行動と信じるものを決断する。どのようにやるのだろう？

意識的な意思決定に関する完全な理論をもって、この疑問に答えるのが理想だが、神経科学はそこまで進んでいない。現時点では、心がどう働くかについての正確なモデルを満足のいく程度につくることは誰にもできない。しかし、意識にのぼる意志と道徳的責任に現実味があるとはっきり示せるだけのことは言えると、私は考えている。いまから述べようとしている考えを決定的に証明することはできない（この議論では脳についてもっとわかるまで決定的に証明できることはあまりない）が、その考えは意思決定がどう進むかについての私たちの感覚と一致し、しかも意思決定に関する神経生物学の文献とも矛盾しないことを、私は明らかにできる。この説を支持する事例を神経生物学の分野から見つけて、すでに重大な欠点があることが示された神経生物学的決定論より、私の見方のほうが優れていることを主張できる。

その考えを私は「思索的内省」と呼ぶことにするが、こういうことである。私たちの意思決定方法はアルゴリズムではなく、経験の蓄えられた内面世界を意識的に旅して、発見するさまざまな考えやつながりについて思案したり、考え直したりすることによって行なわれる。ウェストフォールは熟考している最中、まさにこれをしているのだ。

話の始まりは、ウェストフォールが二つのほとんど理解できない感覚刺激、すなわち音とぼんやりした像を示されるところである。これらの知覚には、彼の側で決断を下す必要があると即座に告げるものはないが、何かがおかしいと直感して、彼はともかく可能性を検討しはじめる。もっと言えば、ウェストフォールはその別々の刺激から、状況に合わせて探る方向を決められるような体系的問題を考え出すことができている。彼は野営地に近づく遠くの人影を見て、ありえる脅威にどう立ち向かうか決断を要する苦境に立たされていること、そして自分の決断は道徳的に非常に重大であることを悟る。しかし、ウェストフォールは問題をそのように解釈するしかなかったわけではない。その解釈を必然とする論理のルールはない。状況の解釈はほかにもいろいろある。たとえば、人づきあいの問題として解釈することもできた。一般に、自分の居住地に人が近づいているとき、その人は訪問客である。視界が悪く、通信手段がダウンしているのだから、相手は到着の合図として空砲を撃ったのかもしれない。ウェストフォールは自分の野営地の清潔さについて、心配しはじめてもよかった。客をもてなす食べ物は用意できているか？　彼らが眠るベッドは整えられているか？　訪問客が心地よく滞在でき、部下たちが無礼や無愛想なふるまいをしないようにするには、アメリカ軍の二等軍曹として何をするべきなのか？

その状況をスポーツ競技会と解釈することもできた。音はレース開始を告げる砲声だったかもしれない。遠くの人影は、一五〇〇メートル走で競っているランナーだ。ウェストフォールの心にある問題は、レースを観戦しやすい席の見つけ方だったかもしれない。軍の士官である自分が、なぜスポーツイベントを観戦するのに遠くから細目で見なくてはならないのか？　長年、軍に身をささげてきたのだから、自分は前列の席に値するのでは？　もっとよく見るために持ち場を離れたら、上司から懲戒処分されるだろうか？

自分の経験に訴えて、ウェストフォールは周囲で生じる別々の刺激から、難しい重大な問題を組み立てることができる。発砲するべきかどうか考えながら、その問題を観念的なものから実際的なものに移していく。

撃つか撃たないかの決断は聞こえた音と見える像が何を表わすか次第だ、とウェストフォールはわかっている。しかし考えられる説明は無限にある。頼りになるガイドラインはなく、ウェストフォールは自分に提示された情報を意味のあるように結びつける筋書きを、自分自身のなかに探す。

経験の蓄えられた内面世界を歩きまわり、ウェストフォールは関係のあると思う概念や記憶を拾っていく。野原にいる部下の配置を考慮し、彼らに与えた命令を思い出す。敵の基地や民間人の住む町の近さと、敵の斥候や民間人が悪天候のなか夜間にこのあたりを歩きまわる可能性についても考慮する。行動するまでの時間は限られているが、最近、林からシカが出てくるのを見かけたことがあるので、シカの数についても考える価値があると決断する。なにしろ、シカは地雷原の避け方を知らないだろう。彼は自分の知覚が当てにならない可能性さえ検討する。このような嵐の最中には、とくに誤りを犯しがちだと知っているのだ。

利用できる無限とも思える量の情報から、ウェストフォールはとくに重要だと思う要素についてだけ思案し、重要でないと思うものは放っておくことにする。たとえば、ライフルの弾の値段や無駄遣いのリスクを、決断の要因に組み入れていない。ウェストフォールはそのコストを正確に知っていて、弾丸を無駄にしてはいけないこともわかっているが、彼の状況理解によれば、そのような枝葉末節はいま置かれている立場では重要ではなく、検討事項に組み込む必要はない。弾の無駄遣いはどうでもいい。しかし、もし部下の弾薬が非常に不足していたら、ウェストフォールは弾丸の在庫を考慮したかもしれない。小隊全体で残された弾丸が一〇発しかないことを知っていたら、不必要に使うことに慎重になり、そのせいで近づいてくる人影に発砲するのをためらったかもしれない。

ウェストフォールが両親から教え込まれた礼儀作法の問題について、ライフルを発砲するかどうか決断するときに考慮することもありえた。小隊のほとんどが兵舎で眠っていて、眠っている人を起こすのは無礼だとわかっている。銃声が聞こえるほど野営地の近くにいることもわかっている。それでも彼は、心のなかのいくつもの広間を注意深く進むことによって、礼儀作法のルールはこの状況に適用されないと判断することができる。

ウェストフォールは自分のジレンマに対して、問題の解釈も、ありえる筋書きと対応の検討も超えた、別のもっと高いレベルの分析も行なう。自分の熟考のやり方を思索できるのだ。選択肢を正しく考えたかどうかに思いを巡らす。ウェストフォールは過去数カ月にいくつかミスをして、そのために懲戒されていたことを思い出す。また誤りを犯すことへの不安が、判断力を鈍らせたかもしれない。慎重になりすぎているのか？　決断を下すのが早急すぎたのでは？　完全な結論にたどり着くにはもっと時間が必要で、判断を保留にするべきかもしれない。意図は純粋なのか？　自分の感情を重視し過ぎてはいないか？　熟考のあらゆる段階でウェストフォールは自問し、自分のもくろみの目的と方法について思索できる。心のなかをどうさまようかについて思案できる。これが思索的内省の真髄であり、この能力こそが人間の自由意志を構成している、と私は考えている。

アルゴリズムから内省への移行

思索的内省によって、ウェストフォールは引き金を引くのをやめる気になる。彼がジレンマを解決するために使っているのは、心に対する意図的コントロールである。しかし話の始まりは、ウェストフォールがコントロールできない知覚のアルゴリズムだった。ウェストフォールは視覚系と聴覚系による生情報の処理をコントロールできない。視覚系と聴覚系の活動によって彼は爆発音を聞き、人影を見ることができるのだが、その活動が彼の熟考の開始につながったわけで、ウェストフォールの決断の第一歩ということになる。

彼の決断の第一歩はアルゴリズムだった。彼の決断の最後の一歩は内省であり、したがってアルゴリズムではなかった。これはどういうことだろう？　途中どこかでアルゴリズムから内省への切り替えがあったはずだ。そのような移行が起こった――つまり、アルゴリズムで始まったが、選択は思索的内省によって決められた――というのが事実なら、私たちは目標としていた、自由意志と道徳的行為主体性の妥当性を擁護するための基礎を築いたことになる。これから私はこの移行の特性を明らかにして、それが人間の論理的思考の働き方と思えるものと符合することを示す。そして最終的に、いかに私たちが熟考するかについて、思索的内省が説得力のある説明であることを、この符合がはっきり示していると主張したい。

アントニオ・ダマシオはソマティック・マーカー仮説で、私たちが意識にのぼる経験をするときは必ず、あとに生物学的標識が残されるという説を立てている。このマーカーは、その出来事中に知覚する刺激と、それをどう感じるかのあいだにできる結びつきを表わしている。ソマティック・マーカー・システムは、知覚のアルゴリズム的プロセスを心の意識的な思索とつなげるものである。

脳はつねにデータを処理している。情報の流れは数えきれないほどの源から大脳皮質に入ってくる。そしてなんらかの方法で、そのすべてが体系化される。雨を見る経験とその音を聞く経験をシンクロさせるために、ウェストフォールの脳の視覚作用による結果は聴覚経路の結果とつなげられる。そのような別々のデータの結合は刻一刻生まれていて、しかも感覚データ間だけのことではない。

ダマシオが言うように、入ってくるデータの断片と、現在または過去の情動、記憶、あるいは意識的経験のあいだのつながりを、ニューロンの作用が検出することもある。これはソマティック・マーカーにとてもよく似たシステム、おそらく前頭葉に中心のあるシステムの協力があって起こりうる。このつながりの意味は、アルゴリズムではけっして突き止められない——意味についての公式はない。では、アルゴリズムによってつくられたこのつながりをアルゴリズムが解釈できないなら、それがどうして人間の成功に役立つと考えられよう？　ただ無駄になるのか？　いや、その重要性をじっくり検討できる脳のシステム、すなわち意識のある行為主体に移されるのだ。

撃つか撃たないかに関するウェストフォールの決断は、アルゴリズムで始まる。決定しているニューロンの作用はつねに働いていて、彼の心臓を鼓動させ、肺を収縮させ、あらゆる知覚データを処理している。そのおかげで彼は顔を流れる雨を感じ、野原の爆発音を聞き、近づいている遠くの人影を見ることができる。ここまでは意識のある行為主体は沈黙していて、新たな興味深い情報を求めて、あちらこちらに注意を移しているだけだ。しかしウェストフォールの知らないうちに、ある考えが彼の心に浮かぼうとしている。意識の力を呼び起こす考えだ。

彼の前頭葉の奥深くでアルゴリズム的作用が、特定の聴覚刺激と、記憶として保存されている一連の過去の意識的経験のあいだに、つながりを特定した。このつながりは非常に強いので、さらなる内省のためにウェストフォールの意識に送られる。

ウェストフォールは何を経験するのか？　それは感情だ。一瞬の恐怖と不安。危機感。少しすると別のつながりが検出される。たくさんの視覚刺激、先ほどの聴覚刺激、そして別の意識的経験のあいだのつながりである。ウェストフォールは何かがおかしいという感覚に襲われる。場ちがいのものがある。危険が潜んでいるかもしれない。

アルゴリズムだけではこれ以上のことはわからない。何が起きたのか？　どう対応すべきなのか？　データを心に送ったアルゴリズムは、その疑問を問いかけることさえできない。どうしてできよう？　アルゴリズムは数学的に情報を処理しているだけだ。さらなるデータの解釈を始めるためにできることは、脳を構成するアルゴリズムではない意識のある要素、すなわち道徳的行為主体に、それを渡すことだけである。

しかしそれで十分だ。ウェストフォールの意識のある心は、そのつながりを示されるとすぐに、爆発が起きて、その爆発の近辺――地雷原だとわかっている区域――に、野営地に近づいている特定できない数人の人影があるという理解に達する。そこでウェストフォールは、この状況は意志に関する問題だと解釈する。自分はどうするべきか？ 彼らに発砲するべき？ いや、それは彼らが何者で何を求めているかによる。そう認識して、ウェストフォールはさまざまな説明を考えはじめる。「部下のひとりがコースをはずれて、地雷を踏んだのかもしれない。あるいは、こちらに近づいている敵兵で、その一人が地雷を爆発させたのかもしれない。ただのシカかもしれない。自分の感覚を信用しないほうがいいのかもしれない。ここではほとんど何も聞こえないし見えない」

ここでウェストフォールはさらに深く熟考し、いちばん妥当なものを求めて、練り上げた筋書きを評価しはじめる。しかし求めていたものを見つけたとき、人影は敵兵である可能性が非常に高いが、いま発砲するのは賢くないと決断する。意識的な意志の力のおかげで、彼の銃は静かに動かないままである。

アルゴリズムによるデータ結合として始まったものが、道徳的行為主体にとっての問題に移行する。ウェストフォールの心のなかで進化し、最終的に彼は自分がどういう行動をとるべきか決意し、それにしたがって体を動かす。鍵はコントロールの切り替えにあり、それはソマティック・マーカー・システムによく似たメカニズムによって起こりうる――知覚のアルゴリズムと行為主体の内省能力の橋渡しをするメカニズムだ。

その橋が落ちたらどうなるのか？ つながっている情報が意識のある行為主体に送られなかったらどうなるのか？ そうなると情報は解釈されない。アルゴリズム的システムのなかにとどまる。ダマシオのギャンブル課題を思い出してほしい。被験者は四組のカードの山の前にすわらされる。カードは被験者にお金を儲けさせるか、あるいは被験者からお金を取り上げる可能性がある。儲けたり損したりする金額はカードの山によってちがう。AとBの山（衝動的選択）は初めたくさん儲かるが、長期的には損失が大きい。対照的にCとDの山（堅実な選択）は少しずつしか儲からないが、最終的にいちばん儲かるので、被験者にとっていい選択である。健康な被験者がこの課題を与えられると、CとDの山からカードを引くほうが利益になることを、そのうち理解する。ところが前頭葉に損傷のある患者は、最善の戦略にまったく気づかなかった。たとえ損になる戦略でも、短期的な利益のためにAとBに固執する傾向があった。ダマシオは、眼窩前頭皮質（前頭葉にある領域）のソマティック・マーカー・システムの損傷が、彼らの決断能力を傷つけたのだと結論づけている。

私はダマシオの説明を補足しようと思う。患者の前頭葉の損傷がソマティック・マーカー・システムを傷つけたとき、アルゴリズムから内省への移行がうまくいかなくなる。自分の状況をごまかさずによく考え、より有利な行動計画を決断する能力が損なわれるのだ。患者の行動を助長したのは行為主体よりアルゴリズムだった。その結果、彼らの行為は考え抜かれたものというより衝動的なものになり、長期的な目標よりその場の満足が重視された。

これはよく「動物的」とされる種類の行動である。動物のなかでも比較的原始的な種は、内省的でない可能性が非常に高い。そういう動物は道徳的行為主体ではない。むしろ、決定している機械的なシステムであり、さまざまな有機物がアルゴリズムだけで作動する。つまりマシンなのだ。

アルゴリズムを超越する——状況を理解し、意味を認識し、想像し、意識的に熟考し、限りのない問題を論理的に考え、自由な行為主体として行動する——私たちの能力は、私たちを下等動物と、コンピューターと、あらゆるマシンと区別するもの、私たちを人間たらしめるものである。

脳はいかに無限の意識を生み出すか

心が私たちに、低レベルのアルゴリズム的プロセスでできる結びつきを思索する能力を授ける。そのおかげでウェストフォールは、この二、三日でシカを見かけたという事実に重要性を見いだし、弾薬を無駄使いしてはいけないという事実には見いださなかった。心のなかを探っているときに見つかるさまざまな考えを、選択的に解釈するこの能力は、意思決定をするときだけでなく、会話をするとき、ややこしい状況を明確にする必要があるとき、想像するとき、そして芸術作品について検討するときにも、必要不可欠である。たとえば、ロバート・フロストの有名な詩「雪の降る夕方 森に寄って」[1]を学生がどう解釈するか、考えてみよう。

これが誰の森か、私は知っていると思う。
でも彼の家は村にある。
雪に埋もれる森を見に

私が寄るとは思うまい。

一年でいちばん暗い夕方、
森と凍てつく湖の間で
近くに農家もないのに止まるのを
私の小さな馬はおかしいと思うにちがいない。

馬は引き具の鈴を鳴らして、
まちがいではないかと問いかける。
あとはやさしい風が吹きぬけ
ふわふわの雪片が舞うだけ。

森は美しく、暗く、そして深い。
だが、私には守るべき約束があり、
眠るまでの道のりは長い
眠るまでの道のりは長い

この詩は表面的には簡単だと学生は思う。実際、タイトルがすべてを語っているように思える。人が雪の降る夕方に森に立ち寄るのだ。アルゴリズム的システムにはこの詩からそれ以上のことはわからないかもしれないが、学生には理解できる。最後の二行の繰り返しが何かを語っている。眠るまでの道のりは長い。詩の語り手は責務を果たしてからでないと休息できないのだ、と学生は解釈するかもしれない。この詩は森の静けさと文明の混沌を対比させているのだろう。語り手は森のへりに立ち、その美しさと深さに驚嘆する。もしここにとどまったら、どうなるだろう？　毎日のつまらない社会生活にもどると決めるときの、嫌々ながらという気持ちが感じられる。

この詩について、別の読み方をすることもできる。眠りと森は責任からの休息ではなく、死を指しているのかもしれない。森は美しく、暗く、そして深い。フロストは森を、永遠の休息の象徴として用いている可能性もある。この読み方では、森の外にあるのは社会で生きる責任ではなく、生きることそのものの重圧だ。人生は困難、失敗、苦痛に満ちている。しかし森は美しく、暗く、そして深い。そこは生きることのつらさからの逃げ場である。人は逃れるために何をしなくてはならない？　語り手は自分の問題への答えを自殺と考える。しかし彼は最後の一節で、人生でなし遂げたいことがもっとたくさんあることに気づいている。森にとどまることはできない。まだ眠ることはできない。

学生は詩の内容をいろいろな意味に解釈することができる。どうやってやるのだろう？　そのプロセスは、ウェストフォールが発砲しないと決断するやり方と大差ないかもしれない。まず、ページ上の単語を知覚する。脳内のアルゴリズムが、読まれる単語と本人が人生で獲得した知識、さらには情動や意識的経験とを結びつける。これらのつながりは、さらなる分析のために意識のある行為主体に送られる。この移行によって、学生は基本的に単語が何を意味するか理解する。これもすでにアルゴリズム的システムの能力を超えている。アルゴリズム的システムは、紙上のインクによる視覚刺激のパターンを処理するだけなのだ。しかし熟考することで、学生は言葉の表面的な意味よりはるかに多くのことを知る。象徴的表現、モチーフ、そして含意を見つけられる。無意識の心から送られた単純な結びつきを熟考することによって、隠れた意味を発見する。アルゴリズムは記憶に蓄えられたデータにもとづいて、「眠る」という言葉はなんとなく死と結びつくことを教える。しかし、その結びつきの詳しい説明は意識のある行為主体に任される。学生はそのために、詩のほかの行の意味を利用する。夜の森の性質を考えると、眠りと死の結びつきは強く思われる。夜の森は死と同じように暗く、謎めいていて、神秘的でさえある。学生は繰り返しの行から、語り手が死について熟考したという不吉な感覚を覚える。

あらゆる種類の結びつきが意識のある心に送られる。その大半は重要ではない。なぜなら、アルゴリズムは意味があるものとないものを区別できないからだ。詩を読むとき、学生はさまざまな勝手な結びつきも考慮できただろう。次の行を例にとろう。

近くに農家もないのに止まるのを
私の小さな馬はおかしい《クウィア》と思うにちがいない。

無意識のアルゴリズムは「クウィア」という言葉を、同性愛者という意味と結びつけるかもしれない。しかし学生は、近くに農家もないのに止まることが同性愛行為である可能性、あるいは馬がそう考える可能性について、あれこれ考えはしない。同じくらい意味のないつながりが、次の行を読むときに見つかる可能性もある。

あとはやさしい風が吹きぬけ
ふわふわ《ダウニー》の雪片が舞うだけ。

学生は「ダウニー」が柔軟剤のブランド名であることに覚えがあるかもしれないが、突然飛び上がって、「ロバート・フロストはじつは自分のベッドのシーツが一面の雪のように柔らかいことについて語っているのだ」と叫びはしない。学生の記憶では、「おかしい《クウィア》」という言葉は同性愛者と、「ふわふわ《ダウニー》」という言葉は柔軟剤と関連づけられていて、そのつながりが脳のデータ処理アルゴリズムによって検出される。しかし、このような結びつきはフロストの詩の深さを理解するのに関係ないということは、意識のある行為主体としての学生が判断することである。

ウェストフォールによるジレンマの推論と関連する概念の選択も、詩について学生が考え出す解釈も、アルゴリズムによる単純な結びつけで始まる。同じことが私たちの考え全般に言えると私は思う。アルゴリズムで始まり、行為主体によって解釈される。この時点で、ダニエル・ウェグナーのような人は、私の見解から導かれる有効な結論はこうだと言いたいかもしれない――つまり、私たちの考えは決定論的アルゴリズムによって始まるのだから、私たちはそれに対して責任がない。私たちは自分が考えることに対して、称賛も非難も受けるべきではない。たとえばアインシュタインの相対性理論はどうだろう。その考えは無意識で始まったのだから、アインシュタインはこの科学的発見に対する称賛に値しないと言うべきなのか？

そう言う必要はない、と私が思う理由は二つある。第一に、考えは無意識のなかで、データの断片の単純な結びつきとして始まっただけである。アインシュタインがその結びつきを熟考し、解釈し、頭のなかで練り上げてはじめて、発見が生まれたのだ。相対性理論がひょっこり彼の頭に浮かんだのではない。第二に、脳内のアルゴリズム的システムによる情報の断片の結合は、しばしば記憶、情動、そして意識的経験を呼び起こすことを思い出してほしい。したがって、この非常に重要なデータの結合がアインシュタインの脳内で起こった理由のひとつは、彼が物理の特性について（少なくとも）いろいろと考えていたことにある。そのような思考の一部と、アインシュタインの脳内のほかのデータのあいだに、最終的につながりが検出された。するとアインシュタインはそのつながりについて徹底的に思索し、頭のなかでいじくり回し、そうやって理論が生まれたのだ。

この意味で、アインシュタインの意識はアルゴリズム的無意識の働きに影響をおよぼしている。これは神経科学者だけでなく、私たちにも日常的な経験のなかでなじみのある現象だ。神経生物学的に言うと、私たちはシナプスの結合をつくったり切り替えたりすることによって、つねに脳内のアルゴリズムに影響を与えている。ニューロンのネットワークが柔軟なおかげで、このネットワークが入ってくるデータを処理するやり方に、私たちの思考と行為が影響をおよぼすことができる。しかしそれは周知のことだ。たとえば、私たちは何かを練習すると、それが得意になることはわかっている。これは、私たちがある意味で脳をプログラムすることを示す一例である。ピアノの生徒が新しい曲を始めるとき、音符一つひとつを正しく弾こうと意識して努力しなくてはならない。正しい運指を見つけ、和音をそれぞれ正しいタッチで弾き、音句それぞれを流れるようにつなぐには、真剣に集中する必要がある。しかし練習するうちに、この精神的集中の必要性が薄れ、最終的に生徒は考えなくても曲を弾けるようになる。指が自然に動いているようだ。

ここで何が起こったかというと、シナプスの柔軟性のおかげで、生徒が曲の練習に注いだ意識的努力が脳のアルゴリズムに組み込まれたのだ。生徒がピアノ演奏について考え、それを練習することによって上手なピアニストになったのは、アインシュタインが物理学について考えることによって優秀な物理学者になり、相対性理論を考えついたのと同じようなことだ。

暴力と絶望の環境で育った若者は、いずれ犯罪人生を選ぶ可能性が高いことはよく知られている。これもまた、アルゴリズムと行為主体の相互作用モデルで示せる。アインシュタインの脳内と同様、その若者が受け取る情報は徹底的なアルゴリズム処理を受け、そのあいだにデータの断片と特定の意識的経験を結ぶつながりができる。しかしアインシュタインの脳内とはちがって、その結びつきは物理学や宇宙の本質についてのものではない。関係しているのはその若者が知覚し考えてきたこと、すなわち盗み、コカイン、ギャングの戦争、残忍な行為である。道徳的行為主体が将来について熟考するとき、心に浮かぶのはこのような経験とのつながりだけではないにせよ、多いことはたしかだ。アインシュタインは心に浮かんだ結びつきを、光と重力と時間に関する本格的な観念と理論に発展させた。この若者は心に浮かんだ結びつきを、自分が実行できる犯罪についての考えに発展させる。彼がそれしか知らないのであれば、ある意味で行為主体は悪事の道を選ばざるをえないのかもしれない。

これはその若者に自由意志がないということではない。彼が犯罪行為をするときは、自由に、意識して、そうしている。それでもその行動に対する彼の責任は、そもそもあるのだとしたら、小さくなると言っていいかもしれない。それは場合による。ともかく、アルゴリズムと行為主体の相互作用モデルは、人は自由に行動しながら、その行動に道徳的責任を負わないこともありえるという考えと整合する。私たちは意識的に思考と行動をコントロールするが、決断の基礎となる知覚と経験のデータ処理については、脳のアルゴリズム的機構に依存しているのだ。

私たちは意識的な行為主体性をとおして、世界に対する深い主観的な理解を組み立て、その理解から説明や理論、あるいは将来の可能性をまとめ上げる能力と機会を手にしている。結局、道徳的行為主体がこのような心の生み出したものについて思索するからこそ、私たちは自分の信念や道徳観と一致する行動をとろうと自由に決めることができる。ウェストフォールが爆発とおぼろげな人影の接近を感知できるのは、脳のアルゴリズムのおかげだが、その知覚の重要性を理解し、適切な行動を熟考するのは彼の意識のある心だ。第一のコンピューターのようなルールにもとづくメカニズムと、第二の行為主体にコントロールされる自由な意識、この二つのシステムの相互作用のおかげで、私たちは決定論の限界を超越して、すばらしい意思決定を達成できる。それでも、まだ別の謎が残る。脳の生物学的機構はいかにも前者のようであって、およそ後者のようには思えない。脳内には意識や道徳的行為主体は見られず、見られるのはニューロン・ネットワークの二進回路が管理する複雑な有機的コンピューターの構造だけである。そのようなメカニズムが、ここで説明してきた決定していない無限の意識を生み出すとは、どういうことなのか？　行為主体は錯覚でもなければ機械のなかの幽霊でもないことを示す、どんな証拠が見つかるのだろう？

第17章 道徳的行為主体はいかに生まれるか

決定されていないが、ランダムでもない

一九一〇年、ゆくゆく結婚することになる女性への手紙に、アルフレッド・ウェゲナーはこう書いている。「南アメリカ大陸の東海岸はアフリカ大陸の西海岸にぴったりはまって、まるでかつて一緒だったかのようではないか。これは私が追究しなくてはならない考えだ」[1]。ウェゲナーは南アメリカとアフリカの海岸線は、広大な大西洋に隔てられているにもかかわらず、似たような地質学的構造を見せていることにも気づいていた。そして調べたところ、両方の大陸で発見されている化石の解説を見つけた。興味深いことに、それらの化石は同じ動植物のものであり、何百万年も前、両地域に同時に同じ生物が生息していた可能性を示している。当時浸透していた学説では、両地域はかつて細長い陸橋でつながっていて、生物が大陸間を移動できたとされていた。その陸橋はのちに上昇した海面の

下に沈んだと主張する説だ。しかしウェゲナーはこの説明を受け入れず、独自の説を打ちたてようとした。

彼が提唱したのは大陸移動説、現代のプレートテクトニクスの理解に発展した説である。その概念は革命的だ。現代の大陸はかつて、ひとつの巨大な陸塊の一部だったというのだ。だから大陸はぴったりはまるように見えるし、アフリカと南アメリカの海岸で同一の化石が見つかった、とウェゲナーは考えた。さらにウェゲナーは、現在の世界地理は大陸が互いに離れて行くにつれて、だんだんにでき上がったものだと言い出した。彼の説のこの部分のせいで、ウェゲナーは科学界から冷笑されることになる。[2]

「われわれが（この）仮説を信じるなら、これまで七〇年間に学んだことをすべて忘れて、また一から始めなくてはならない」と、ある科学者は言っている。別の科学者はこの説を「まったく途方もないナンセンス！」[3]と切り捨てている。地質学者は大陸が動く可能性を検討しようとしなかった。それほど大きな物体の動きを引き起こすような力は絶対にないと、決めてかかっていたのだ。彼らの頭のなかでは、その考えはばかげていて、まじめな科学者が時間を費やすべきものでないことは明らかだ。ウェゲナーが提示した膨大な量の証拠にもかかわらず、彼の学説は地質学者からほぼ満場一致で却下された。陸塊が動く可能性を検討しようとする者は誰もいなかったのだ。彼らは自分がよく知っている考えだけを使って、パズルを解こうとすることに満足していた。何十年もたってからようやく、ウェゲナーの考えを――大陸移動はありうるという主張も含めて――支持する新たな発見が発表され、地球の地理の説明として、プレートテクトニクスが最も広く受け入れられるようになった。

物理学者のニールス・ボーアも、新しい量子力学の理論を支持したところ、同様の反対に直面した。この反対はウェゲナーの場合ほど広範ではなかったが、同じくらい威圧的であり、先頭に立っていたのがこの世界で最も尊敬されている知性派、アルベルト・アインシュタインだったのでなおさらだ。アインシュタインは、量子力学の概念には根本的な欠陥があると信じていた――それどころか笑止千万だと思っていた。ボーアとその同僚のヴェルナー・ハイゼンベルクは、電子には固定した速度や位置がないと主張していた。正確にどこにあるかを知ることはできず、確率の計算を用いてどこにありそうかを知ることしかできない。量子力学によると、その理由は量子レベル（物理学で最小レベル）の粒子間の相互作用は決定論的ではないからである。ランダムなのだ。アインシュタインにとって、この前提は断じて受け入れられなかった。物体に関して原理上知りえない物理的事実など、どうしてありえよう？　どうして物体が決定論からはずれてふるまうことができよう？　どうして宇宙において原因なしに何かが起こりえよう？

アインシュタインは世界についてボーアのように考えようとしなかった。その時点までに科学者にわかっていたあらゆる種類の現象は決定していて、宇宙の自然な因果の枠組みの一部だった。なぜ、この量子レベルはちがうと考えなくてはならないのか？　不確定な小さい粒子から周囲に見える世界の決定論が生まれることなど、どうしてありえよう？　アインシュタインがあからさまに不確定性を拒否したにもかかわらず、ボーアとハイゼンベルクの理論は科学界で勝利し、数年のあいだに何度も証明された。量子力学は一分野として成長し続け、これに関してはアインシュタインが取り残された。

現在の意識の研究は、ボーアの世代にとっての量子力学の研究や、ウェゲナーの世代にとっての大陸移動の研究と同じくらい、革命的で大きな反響を呼ぶ可能性がある。これら三つの科学的追究は、ほかにも共通点がある。どれも優勢な科学的見解に挑んでいるのだ。[4] 大陸移動説は、大陸を動かせるほど強い力はないという科学者のコンセンサスに逆らった。量子力学は、すべての物理現象は決定しているという考えを攻撃した。そして意識のある行為主体性は、決定している相互作用から決定していないものが生まれることはありえないという考えを脅かす。

量子力学を例外として、物理学者に知られているあらゆる自然過程は決定している。ボーアやハイゼンベルクらの研究は、世界には決定していない、つまりランダムの過程があることを示した。原因なしに事象が起こりうるのだ。しかし決定論もランダム性も、どちらも自由意志と道徳的責任を説明することはできないようだ。前にこの問題をどう表現したか、思い出してほしい。

① 神経生物学的決定論が真実である場合、私たちがやることはすべて、もっぱら先行する生物学的事象によって引き起こされるので、私たちは自分の行動に道徳的責任を負うことはできない。
② 非決定論が真実である場合、私たちの行動はランダムであり、私たちはそれに道徳的責任を負うことはできない。
③ 神経生物学的な決定論または非決定論のどちらかは真実である。

④したがって、私たちは自分の行動に道徳的責任を負うことはできない。[5]

この公式で、③は正しくないと私は主張したい。もちろん、科学的に研究されているのは決定しているか決定していない事象だけだが、私たちはみな自分の頭を使って、広範にわたる限りのない決断を下し、意識的に行動を起こす経験をしているのも事実だ。このようなプロセスはどちらの分類にも入らないようだとうなずける。第三のカテゴリー――決定していないしランダムでもない――があって、そこに属しているにちがいない。私たちは二元論者ではないので、このカテゴリーが非物質的なものということはありえない。意識はともかく脳から生まれているはずで、決定されていないしランダムでもない特性を帯びるようなかたちで生まれる。問題は、脳そのものが決定している生物学的システムであることがわかっているのに、どうしてそんなことが可能なのか、である。

脳とカオスと量子力学

私の考えでは、その答えはいわゆる「創発」、あるいは創発特性という特殊な例にある。創発とは、システムはパーツの合計以上になりうる、という考えである。これまでこの現象について、塩化ナトリウムの塩辛さや油のベトベトのような例をいくつか挙げた。これらはそれぞれの物質の構成成分の特性とはまったく異なるので、創発特性である。同様に、意識は脳の働きに依存しているが、まったく異なる特徴も持っている。したがって、塩辛さがナトリウムと塩素の相互作用による創発特性であるのと同じように、意識も脳内ニューロンの相互作用による創発特性なのかもしれない。

しかし、塩化ナトリウムの特性はナトリウム原子と塩素原子それぞれの特性とはまったく異なるとはいえ、それでもそれらの原子によって決まることを考えると、この類似では不十分である。ナトリウムと塩素が結びついたときにできる化合物は、必ず一定の特性を持つものであり、そのひとつが塩辛さなのだ。しかし私たちが言いたいのは、意識はニューロンの相互作用から、新たな特性を持ちながらも決定していない状態で出現することである。新しい因果相互作用を持って生まれるのだ。しかし、この種の創発が可能なのか？　ひとつの因果システムが別の因果システムを生み出すことがありうるのか？　ありうる。過去に起こっているのだ。

アイザック・ニュートンの物理学、つねに周囲で起こっているのが目に見える物理学は、決定論の法則にしたがっている。しかし、この決定論はどこから来たのか？　それは非決定論的でランダムな量子レベルの相互作用から生まれた。決定論はランダム性の創発特性である。

アインシュタインとその信奉者は、物理学はすべて決定しているプロセスのみからなっていると信じていた。しかしボーアとハイゼンベルクの研究によって、物理学は別の種類のプロセス、すなわち量子力学をも包含するものとして、理解を広げなくてはならないことが明らかになった。いま、物理学は第三のプロセス、すなわち意識を説明するプロセスを包含するように広げられるべきであり、最終的にそうなると信じる人々がいる。ニュートン物理学の決定論がボーアのランダム性から生ずるように、心の行為主体性は脳の決定論から出現したのだ。

心はランダムなプロセスと決定しているプロセスの相互作用から出現した可能性さえある。たとえば、脳の活動はカオス（訳注：カオス力学で研究される複雑で事実上予測不能なふるまい）な作用でいっぱいだと指摘する科学者もいる。ざっくり言うと、カオスな機能は入ってくるデータのわずかな差を拡大する傾向がある――つまり、ありそうもない事象が起きる可能性を高める。したがって、このような機能が量子効果を拡大し、脳内の非決定論的な発現の増大につながる可能性がある。この非決定論が決定論的な神経プロセスと相互作用するとき、自由意志と意識のある行為主体が生まれることもありえる。これこそ、私たちの心をアルゴリズム的処理の束縛から解放するものなのだろう。

意識に特有の非アルゴリズム的性質こそが、科学者が意識についてほとんど何も理解していない理由かもしれない。ひとつに、システムのふるまいを正確に予測できないとき、その働きを研究するのは難しい。心理学者は人間の行動を研究するが、つねに正確に予測することはできない。人間のパーソナリティーにもとづいて、私たちがどうふるまうかをモデル化するルールブックを書くことはできない。なぜなら、もちろん人間の意思決定はルールにもとづくものではないからだ。自由意志と行為主体性は、脳の決定論的および非決定論的相互作用から生まれるのかもしれないが、私たちが予測不能なふるまい方をする可能性を残す。

意識が科学者の理解をいまだに超えているもうひとつの理由は、科学者のアプローチと関係があるように私には思える。科学者は一般に意識にのぼる事象を、ほかの決定している体のプロセスと同じようにあつかう。思考、決断、そして意志による行動は、心臓から酸素を豊富に含んだ血液を送り出したり、胃のなかで消化酵素を放出したりするのと変わらない、生物学的働きだというのだ。もし心の働きが最初からそういうふうにとらえられているのなら、どうしてその謎の解明が進むと期待できよう？

意識の研究によって提起される途方もない難題に取り組むためには、新しいアプローチ、アルゴリズムでもランダムでもない意識の側面を解明するように考えられたアプローチが必要かもしれない。それはつまり、物理学の理解の拡張を意味する。ボーアの時代、この分野は量子の相互作用を説明するために広げられた。ひょっとすると、思考の相互作用を含めるように、再び広げられるべきなのだろう。ノーベル賞を受賞した物理学者のユージン・ウィグナーが言っているように、「今日の物理学が表わすのは極限的な場合であり、無生物には当てはまる。意識を持つ生物を記述するつもりなら、新しい概念にもとづく新しい法則に入れ替えなくてはならない[6]」。たしかなのは、ウェゲナーの時代に犯されたまちがいを繰り返してはならないことだ。大陸移動の考えを検討した科学者は、大陸を動かすほど強い力の可能性を想像できなかったので、すぐにその考えをしりぞけた。まったく信じられないようなものは絶対に存在しないと決めてかかったせいで、彼らは地質学における重要な一歩前進に貢献することができなかったのだ。

もちろん、意識の研究の新しいアプローチに、ウェゲナーのものほど大規模な科学革命は必要ないかもしれない。意識を生物学的に説明するために、物理学の根本原理を変える必要はない。おそらく科学者は、すでに必要な理論的ツールをすべて持っているだろう。もしそうなら、前進するための鍵は、意識のある行為主体性は科学的に研究できる現実の現象であることを、科学者が認めることである。

意識はこれまで科学的精査の対象になったどんなものとも異なる。そのため、特有の理論と革新的な分析が必要だと予想できるし、ウェゲナーの大陸移動説の場合のように、最も適切な説明がよく知らないものだからというだけの理由で排斥されてはならない。自由意志と行為主体性の場合、よく知らないものが最も妥当な説明である可能性が高い。私たちが日常的に対応している限りのない問題に、決定しているシステムは対処することができないので、私たちの行動は決定しているはずがないことはわかっている。それでも、私たちの決断はランダムで無作為であるはずもない。ランダムなシステムは、人間の論理的思考の深さに対抗することはできない。そもそも論理的思考をすることができない。いちばん妥当と思われるのは、道徳的行為主体としての私たちは行動を意識的にコントロールできて、この行為主体性はどういうわけか脳内のニューロンの相互作用から決定していないかたちで創発する、ということだ。

非決定論的な創発が道徳的行為主体性の起源を説明するものかどうかは別にして、意識の特殊な属性を重視する理論が、人間の行動で実証されているのが繰り返し見られている。これからの数年で、意識される行為主体性に関する現在の理論に磨きがかけられ、新しい理論が提案されることを、私は確信している。人間の思考がアルゴリズムではないことの説明は達成されるだろう。

そうなるために、私たちは正しい問題提起をしなくてはならない――自由意志を否定する説明ではなく肯定する説明をしようという信念から生まれる問題提起だ。そのような考え方に心を開いてようやく、行為主体性の科学的研究を始められる。目指すべきは、特別で深遠な心の性質に訴えるアプローチを考え出すことだ。それができてはじめて、私たちは心の秘密を暴きはじめることができる。

第18章
心の宮殿

心の深みをうまく進む能力

何世紀も前、ある貴族が大勢の客を招いて自分の宮殿でパーティーを催していた。みんなを席に案内し、侍従に行くべき場所を指示したあと、彼は新鮮な空気を吸うために外に出ることにした。ちょうどそのとき、一陣の突風が宮殿を吹き抜け、壁と支えの柱を打ち壊した。あっという間に、宮殿の屋根が崩れはじめ、広間の席にすわっていた人々の上に倒壊する。

散乱した死体はよじれてずたずたになっている。その残骸を見ても、遺族は自分の愛する人を見わけられないので、埋葬するための身元確認ができない。しかし貴族には方法があった。彼は頭のなかで、かつて建っていた宮殿の広間を進んでいく。どういうふうにテーブルを割り当てたか、どこに侍従を送ったかを思い描く。招待客一人ひとりと交わした短い会話、彼らが寄りかかっていた壁、化粧室はどこかと尋ねた紳士、隅の席にすわっていたカップルを思い出す。宮殿を歩きまわるところを想像し、招待客がすわっていた向きを思い出すことによって、貴族はがれきのなかに横たわっている死体の身元を割り出し、遺族に多少の心の平安を与えることができた。[1]

一六世紀、博学な宣教師のマテオ・リッチが大勢の中国使節にこの物語を話したのは、情報を思い出すための新たな戦術、「記憶の宮殿」を紹介するためだった。考え方としては、人は心のなかにある信じられない量の情報を、大きな宮殿の各部屋にたくさんの概念が入っているところを想像することによって整理できる、ということだ。一五〇〇年ほど前、クインティリアヌスという修辞学者が、記憶の宮殿の建て方を記述している。

言うならば、最初の考えは前庭に置き、次の考えは例えば居間に置く。その他は然るべき順序で……寝室や客間ばかりでなく、銅像などに託してもよい。こうしておけば、物事の記憶を再生する必要が生じたとき、すみやかにそれらの場所をくまなく順番に訪れ、貯えておいたさまざまな記憶を保管場所から取り出せるだろう。なぜなら、それぞれの場所の光景を目にすれば、記憶一つ一つが具体的によみがえるからである。その結果、記憶を必要とする物事の数がどんなに増えても、手をつないだ踊り子のように、すべてが互いにつながっていることになる。前後関係がはっきりしているので、間違いが生じる余地はない。いろいろな場所をあらかじめ記憶に刻み込んでおく作業以外、手間は一切かからないのである。私は家の場合について述べてみたが、公共の建物や長距離の旅行や城市の堡塁、または絵画との関連付けによって行なうことも十分に可能である。あるいは、位置付けの場所を我々自身の肉体に想定してみてもさしつかえないだろう[2]

（ジョナサン・スペンス『マッテオ・リッチ記憶の宮殿』古田島洋介訳、平凡社。以下同）。

心のなかに宮殿が建てられていれば、行為主体は熟考の最中に思考の宮殿を注意深く進んでいき、自分の状況に関連すると思う記憶と経験をなんでも簡単に手に入れられる、とリッチは言っている。思いどおりに部屋から部屋へと進み、部屋をつくったり壊したりすることもできる。宮殿を思いのままに改築し、マンションやオフィスビルに変えることさえできる。行為主体は好きなように内面の思考の世界を移動し、整理し直し、変更することができる。歴史家のジョナサン・スペンスは次のように述べている。

リッチは記憶の宮殿の入り口に立っている。刺繍のついた靴をはいて。……目の前には、精神の作用が及ぶかぎり、かすかにきらめく壁と柱廊が続き、柱廊式の入口と彫刻つきの大きな扉が立ち並ぶ。その背後には、読書や経験や信仰から生まれたイメージが貯えてある。……リッチの傾によみがえる――フランチェスコ・デ・ペトリスの頰の感触が。まもなく死を迎えようとしていたペトリスは、リッチの首に両腕を回し、頰と頰をすり合わせてきた。……リッチの背後には、二人の女性がたたずみ、いずれも腕に抱いた子供をあやしている。……静謐な空気を突き破って、何の音ともしれぬ北京の往来のざわめきが聞こえてくる。リッチは扉を閉めた。[3]

マテオ・リッチは記憶の宮殿を概念の整理術として利用したが、意識にのぼる行為主体性の働きのメタファーとしても使える。道徳的行為主体は内面の思考の世界を注意深く進む。どれでも好きな広間に移動できる。ひとつの部屋、つまりひと組の概念から、別の部屋、別の概念へと移り、それぞれの意味と重要性をじっくり考える。どの部屋の内容も再配置できるし、ひとつの部屋から別の部屋にアイテムを動かすことさえできる。意識のある心には構造と構成がある。

しかし同時に、心の宮殿はしっかりした壁で区切られているわけではない。心の宮殿を探るうちに、秘密の通路が見つかるかもしれない――存在を知らなかった部屋と部屋のつながりだ。たとえば、難しい道徳的ジレンマに直面したとき、部屋が追加されたり、広げられたり、減らされたり、壊されたりすることがありえる。宮殿の境界線はいつでも押しのけられる可能性がある。人間の意識に限りはない。この心の深みをうまく進む能力があるからこそ、私たちは道徳について論理的に内省できるのだ。

脳が殺人をさせたわけではない

スティーヴン・モブレーが、気づけばピザ店の店長に拳銃を突きつけていたとき、彼はその状況を自分の経験の枠にはめた。示されている一連の刺激――拳銃、手にしているお金の袋、床で泣いている男――を、道徳的および実際的な意味合いのある意志の問題として解釈する。

モブレーは心の広間を注意深く進みながら、その男を生かすことと殺すことの持つ実際的な意味を検討する。店長は通報するだろう。モブレーの容姿を警察に説明し、身元の特定と逮捕に協力するだろう。一方、店長を排除すれば、捕まった場合に強盗および殺人の罪に問われる。死刑を宣告されるかもしれない。

道徳的な意味に関して、モブレーはそのとき意識して検討したかもしれないし、しなかったかもしれないが、気づいていたことは確かだ。神経学的に健康だったので、善悪の区別は問題なくついた。心の宮殿に立ったとき、道徳に関する論理的思考への廊下は開かれていた。そこを歩いて行って見つけたものを無視したか、あるいはそこに入ることを拒否したか、どちらかである。彼はそのとおりに意識的な意志を行使した。

モブレーの弁護士は、彼は衝動で行動したのだから、道徳に関する熟考はいっさいできなかったと主張しただろう。ついカッとなって引き金を引いたのだ。しかし、たとえそのとおりだと認めなくてはならないにしても、それで彼の容疑が晴れるわけではない。ピストルを持ってピザ店に入ると意識して決断したとき、彼は自分が何に足を踏み入れようとしているのか、正確にわかっていた。[4] 犯罪行為の経験があったモブレーは、プレッシャーがかかったときの自分の傾向をよく知っている。強盗はあらかじめ計画されていた。店に入る前に、彼は店内で何が起こりそうかを考えた。それほど深く考えなくても、自分が殺人の被害者を残して店を出ることになる可能性を自覚できただろう。

いずれにせよ、モブレーが店に入る前、あるいは店長に拳銃を突きつけているときでさえ、彼が道徳的行為主体性の力を発揮して、すべきと思う選択をすることを妨げるものは、彼の脳内には何もなかった。モブレーの脳が彼に殺人をさせたのではない。彼は自分でそうすることを選んだのだ。

モブレーは道徳的行為主体であり、本書で検討してきたほかの多くの人たちも同様だ。ジャン・ヴァルジャン、ジャン・ボービー、CIA支局長、バス事故の捜査官、チャールズ・ウェストフォール。この個々人を結びつけているのは、彼らが熟考するときに心のなかで起こることだ。そのプロセスについて、科学的厳密さのレベルで説明できるほど十分なことはわかっていないが、その本質的特性を指摘することはできる。私たちはすでに、それが何かを知っている。

モブレー、ヴァルジャン、ボービー、CIA支局長、捜査官、ウェストフォール、それぞれの道徳的問題は行為主体によって熟考されている。それは自由意志の力を持つ統合された意識のある存在だ。各ケースの行為主体は、豊富な背景知識、つまり経験の蓄えられた内面世界について思索する。人が大きな宮殿を歩きまわれるように、この内面世界を歩きまわれる行為主体の能力こそが、人間の論理的思考をアルゴリズムでないものにするのだ。人が宮殿を整理し直したり、増築したりできるように、内面世界を広げる——変更する、変形させる、その境界線を押しのける——ことができる行為主体の能力こそが、人間の論理的思考を無限にする。

その能力があるから、ヴァルジャンは自分のジレンマについて、正直な人間になるという司教との約束から、大企業の社長としてモントルイユ＝シュル＝メールの市民に対して感じる責任にいたるまで、さまざまな面を検討できる。その能力があるから、ボービーは心の奥深くを探り、閉じ込め症候群との苦闘を概念化し、心が衰えるのを許すまいという意志を見つけ、それまでまったく知らなかったコミュニケーション方法を使って、自分自身を言葉で表現することができる。その能力があるから、CIA支局長は秘密任務の倫理について思いめぐらし、道徳面と実際面の両方を検討することができる。その能力があるから、バス事故の捜査官は別々の証拠の断片を用いて出来事を説明できるので、ウォッカの空き瓶が発見されたことから運転手がうそをついていると結論づける。そしてその能力があるから、危険を疑っているチャールズ・ウェストフォールは、周囲で起こっていることとの包括的な全体像を思い描いて、道徳にかなう道と信じることを決断するために、見えること聞こえることとの最も関係ある要素を選びながら、自分の状況を熟考することができる。

ここに挙げた道徳的行為主体はそれぞれ、意識によって与えられた力を駆使して、自分の心の宮殿、すなわち経験の蓄えられた内面世界を歩きまわり、問題に対する最善の解決策と信じるものを見つけ、それをみずから意図的に実行している。

倫理の基礎

これまで見てきたように、決定しているシステムは道徳的行為をまねようとすることはできるが、道徳的行為主体としての私たちができることを現実に達成することはできない。決定しているシステムの処理は一連のルールに支配されていて、そのルールからはずれることはできない。集めた情報の倉庫を自由に進むことはけっしてできず、変更がルールによって決定していない限り、動き方を広げたり変えたりすることを選べない。ヴァルジャンやウェストフォールの場合のような限りのない問題を解決できない。なぜなら、アルゴリズム的処理のルールによって制限されているからだ。もちろん、だからと言って、そのようなシステムは道徳的問題に対する結果を生み出せないというわけではない。思い出してほしい。CIA支局長のための倫理プログラムは、筋書きの変数を数学的に天秤にかけて、アコーディオンの任務は中止するべきだという答えを返すことができた。

しかし、この結果だけでは道徳的熟考とはいえない。プログラムの内部では、何を表わすのかまったく知らないまま一連の計算が実行されているだけだ。プログラムの答えが倫理的に正しいかどうかは関係ない。なぜなら、それは私たちが関心を持っている結果ではないからだ。道徳的内省の本質はプロセスである。支局長がコイン投げで選択していたとしても、彼は任務を許可していなかったかもしれないが、その結論に達するために道徳に関する論理的思考をまったくしなかったことは明らかだ。ヴァルジャン、ボービー、ウェストフォールと同じように、本人が自由にコントロールする意識的な内省にもとづいて意思決定しているからこそ、その決断がどうであれ、支局長も道徳的行為主体なのだ。コンピュータープログラムは自然界の決定しているシステムと同様、道徳的選択をまったくすることなく、一連のルールにしたがうだけである。

トゥレット症候群の患者が無意識のチックのせいで人を侮辱するとき、その行動を引き起こしたのは脳内の異常な相互作用であって、創発的な意識のある行為主体ではない。だからこそ彼は、ヘラの呪いをかけられたヘラクレスと同様、その行動に対する道徳的責任を負わない。意識的内省が彼の脳に対して事実上コントロール力を発揮できないので、彼の行動は決定しているシステムによって引き起こされている。

本書では道徳的決断の事例を検討して、決定しているシステムはそれに対処できないが、人間はできることを明らかにしてきた。しかし、なぜこれほど多くの道徳的な事例を使うのか？　たしかに、限りのない問題は倫理に関するものでなくてもよい。単純に言えば、私たちに道徳的責任があるかどうかは自由意志があるかどうか次第であることについて、本書は調べているからであり、だから道徳的事例を用いるのが適切と思われる。しかし、もっと深い理由もある。

「メタ倫理学」と呼ばれる哲学の分野の主目的は、善とは何かを定義することである。哲学者は道徳と不道徳という言葉で人々が何を意味するのか知りたがる。ある行動が道徳的に善だと言う場合、ほんとうのところ何を意味するのだろう？　このテーマについて書かれたあらゆる文献で最も明確なのは、妙な話だが、善とか道徳的という言葉は厳密に定義できないことである。とにかく経験によって意味をつかまなくてはならない概念なのだ。

道徳的決断とは、要は道徳的に善であるものを追求することである。ところが、私たちは善が何であるかをはっきり定義することさえできない。そのため、あらゆる道徳的決断の核心部はあいまいで、それはどんな数学の方程式にも解くことはできない。方程式はすべての条件がきっちり明示されることを求める。善、悪、道徳、不道徳とは何を意味するのか、はっきりさせようとする本が数えきれないほど書かれているが、いまだにコンセンサスは取れていない。道徳の問題は本質的に限りのない問題であり、適応できるのは人間の心による限りのない論理的思考だけである。

私たちの心が道徳的決断に適していることは、たんなる偶然ではないかもしれない。脳内で意識が創発したとき、多くのことが変化した。それまでただの機械的な装置しかなかったところに、個人のアイデンティティと行為主体性が発達した。意識のある生きものとして、私たちは世界と自分たち自身を認識している。自分の情動を知っていて、自分の信念と願望を意識している。しかしいちばん重要なのは、自分の手の届くところにある自由と豊富な選択肢を自覚していることだ。たくさんの取りうる行動を目の前にして、そのなかから選ぶために自分の心を探る力のある私たちは、決定しているシステムには問えないこと、すなわち「私は何をなすべきか?」と問うことができる。自分はどう行動すべきかを考える能力があるからこそ、私たちはそもそも道徳的な問いかけをするのだと思う。

このように、私たちには意識にのぼる行為主体性があるのだという考えは、倫理の基礎である。決定している心のないシステムには、自分が生み出す行為の性質を検討したり判断したりすることはできない。自分の行動の倫理を思索できる能力は、心があるからこその資質である。あるいは、ひょっとすると重荷かもしれない。

進化の勝利

道徳的責任の根拠が自由意志の能力にあるのはなぜか、その理由がいまでははっきりわかる。行動をコントロールする意識的能力なしでは、倫理はいっさい存在しない。倫理上の疑問が生じるのは、私たちが自分自身に問い、誤りと成功について思案し、経験から得た知恵にもとづいてよりよい未来を選ぶことができる能力を獲得したからである。心こそが私たちに道徳的責任を課すものであり、心が健康でない人たちを除いて私たちはみな、自分自身および仲間の意識ある行為主体にとって、できるだけよい決断を下すために、与えられた力を使わなくてはならない。

私たちが生物学的構造のアルゴリズムやメカニズムより優位なのは、進化の勝利である。[5] 倫理だけでなく、創造性、内省、友情、芸術、哲学、そして社会のようなものも、意識が存在しなければなくなるだろう。しかしこれは、意識のほうがあらゆる点でアルゴリズムより優れているということではない。

ひとつに、アルゴリズム的問題、つまり厳密な一連のルールとして定義できる問題に直面したとき、人間は必ず機械に負ける。コンピューターの計算力は、テクノロジーの向上で飛躍的に増大する可能性があり、さまざまなケースで人の数学能力をはるかにしのぐ。安いプラスチック製の電卓が、世界中のどんな数学者より計算をうまくこなせる。

心には別の欠点もある。健康な人はみな、道徳的行為主体性の能力と、行為主体が歩きまわることのできる内面の経験の世界を持っている。行為主体とその意識的経験の相互作用は、さまざまな使われ方をされる可能性がある――そのすべてが建設的なものとは限らない。たとえば、その相互作用から生まれる自問する能力は、考えすぎのリスクを生む。この可能性の危険がとくに鮮やかに描かれているのは、ドストエフスキーの『地下室の手記』の主人公による奇妙な物語である。「地下室の住人」と呼ばれる主人公は、意識は人間の弱点であり、考える人間を疑念と優柔不断で無力にさせるばかりか、自傷行為にさえ走らせる、恐ろしい弱みであると信じている。時々刻々、私たちが利用できる選択肢は数えきれないほどある。それぞれについて、私たちは果てしないとも思える結果の系図を想像できる。それぞれの道を支持する主張をつくり上げることはできるが、私たちは必然的に自分の主張に疑問を持ち、自分の疑問に問いかける。内省するうちに、あらゆる思考と意図を疑う理由を見つける。合理的な行動開始はすぐに不可能になる。そのため、地下室の住人は意識的熟考に苦しむ。彼は言う。「俺は初めに、意識こそは人間にとって最大の不幸であると述べたが、実は人間は意識を愛しており、いかなる満足を与えられてもそれと交換するつもりはないことを知っている」[6]（安岡治子訳、光文社。以下、同）。彼は、思索にふける人間は考えすぎで自分を苦しめると信じている。地下室の住人によれば、この重荷を負っていないのは考えずに行動する愚かな人々だけである。

そうした御仁は、荒れ狂った雄牛のように角を下へ突き出し、標的目指してまっしぐらに突進してゆくもんだから、壁のほかに奴を止められるものなど何もない……。俺は悔しくて腸《はらわた》が煮えくり返るほど、そういう人間が羨ましい。なるほどそいつは馬鹿だろう。その点は俺も反対しやしない。しかし、ひょっとすると正常な人間というのは、馬鹿でなければならないのかもしれない。そうではないと、あんた方はどうしてそんなにハッキリ言えるのかね。ひょっとするとこれは、真に美しいことでさえあるのかもしれないじゃないか。……たとえばその正常な人間と正反対の強烈な自意識をもつ人間……そういう人間は、自分と正反対の者を前にすると、ときにはすっかりひるんだあげく、強烈な自意識をもっているくせに、自分を人間ではなくネズミだと真面目に考えたりするからだ。[7]

もちろん、私たちは思慮深いより愚かなほうがいいという意見には賛成しないが、地下室の住人のメッセージはやはり私たちの心に響く。内省――心の宮殿を果てしなく探ること――の大きなメリットには、自己不信と自傷のリスクがともなう。しかし、それもすべて人間であることの一部だ。選択の自由をできる限り活かそうと奮闘しても、結局、私たちは完璧でない生きものである。道徳的行為主体は、利己的な目的を追求するために、不道徳だと知っていることをやることもある。自由意志があるので、予測不能な行動をする可能性がある。悪意や復讐心に燃えて人をぞっとさせたり、あるいは予想外の思いやりのある行動で人を驚かせたりする、という決断をするかもしれない。行為主体は自分の好きなように内面の経験の世界を探ることができる。よかれ悪しかれ、それが私たちと機械や動物を区別するものであり、私たちのありようを決めるものである。

私たちが行なってきた意識、自由意志、および道徳的行為主体性の研究の範囲では、どうして脳がすべてを可能にするのか、まだわかっていない。これはおそらく科学史上最大の謎だろう。人間の思考の研究は神経科学の最前線であり、さまざまな他分野の協力も得ているが、まだ生まれたばかりである。しかし、脳の機能の広大な未知領域についてあれこれ考えはじめる科学者が増えるにつれ、心への注目は高まっている。

道徳的行為主体性とその特性に対する理解は、いかに基礎的なものであっても、研究を始めるための問題を提起する。どうして散在するニューロンの相互作用が、統合された人間の行為主体性を生み出すのか？　どうして道徳的行為主体は、倫理のような抽象的概念に関するものも含めて決断をするために、果てしないように思われる内面の経験、情動、および観念の世界を当てにするのだろう？　これは今日の神経科学が直面している問題である。いまのところ漠然としているが、現代の神経科学のテクノロジーと方法論を使って取り組みはじめれば、もっと綿密な的の絞られた問題になるだろう。私の考えでは、脳の研究をこの方向に向けることで、心がどう働くか、心の宮殿が神経伝達の基本要素からどう組み立てられるのか、最終的に理解されるようになる。この問題はとても興味深く、その答えの本格的な追究は始まったばかりだ。

先ほど、意識の創発は進化の勝利だと述べた。それ以降、意識のある人間は論理的思考と熟考の力を使って、世界に関するさまざまなこと――遺伝暗号、細菌とウイルスの世界、空間と時間の本質――を発見してきたが、最大の発見はまだなされていないと思う。意識の最大の勝利は、意識そのものを完全に理解し、どうやって心の宮殿がつくられるか、意識のある行為主体がどうやってその宮殿を歩きまわり維持するかを、知ることではなかろうか。私たち自身の思考の本質を突き止めることは、限りのない問題の極み、経験が試される難題の極みである。そういう意味で、意識の問題は私たちが解決するためにつくられたのだ。そして私たちはその任務を遂行できると思う。

謝辞

この本を結実させるのに協力してくれた人への深い謝意を表することに、私は道徳的責任を感じる。このプロセスを終始導いてくれた、数年来のよき助言者であるジョン・リスマン、キャロル・パーム、ジェリー・サメット、ロバート・シルヴェスター、アンドレアス・トイバには、ほんとうにお世話になっている。原稿の修正を助けてくれたり、有益な意見をくれたり、私がアドバイスを求めるたびに必要な力を貸してくれたメラニー・ブレイヴァーマン、ノーマン・ドイジ、ジェレミー・ヘイマン、イーライ・ヒルシュ、ジョゼフ・ルドゥー、ローイ・ギルロン、ダニエル・ミレンソン、サム・パッカー、ジュリー・シーガー、マリオン・スマイリーにも感謝する。

この本の原稿執筆と準備はきつい作業だったが、友人のジョン・ボルダーマン、ペリー・ベル、アヴィ・クーパー、アントン・エリエラ、ジョン・フリード、チッピー・ハイト、チャーリー・ガンデルマン、グレッグ・グッドマン、シャロナ・ハキミ、ノア・カプラン、マルニナ・コシュイッキー、ライアン・シュワブ、マイケル・シャーマン、マイケル・ショレッツ、サラ・スミスの、貴重なサポートと励ましをありがたいと思っている。

最後に、家族にありがとうと言いたい。きょうだいのダニエル、ベンジャミン、そしてレベッカは、いつも私のいちばんのファンでいてくれて、いちばん近くで支持してくれている。私以上に私の研究に思い入れがあるのは、両親のアーネストとゾラだけだろう。彼らとともに成長し、彼らの愛情と気づかいと尽きることのない思いやりを受けてきたことは、私にとってほんとうに幸運である。

もっと詳しく知るために

本書ではたくさんの概念を取り上げていて、どれも単一の見出しにきちんと分類できない。そのため、その話題をもっと深く掘り下げたい場合、どこを探せばいいのかわかりにくいかもしれない。私が本書のために調べものをしていたとき、図書館に行くと、必要な２冊の文献が同じ通路にあったためしがなかった。哲学、生物学、神経科学、コンピューター科学、心理学、政治学など、多岐にわたっていたのだ。これはこの問題の幅広さ、そして多くの分野との関連性を示すことなので、とても興味深いと思ったが、不便であることは認めなくてはならない。そこで、本書で始めたばかりの探究をさらに掘り下げるのに役立つ良書と思うものを、以下に紹介しよう、

◉第１章　人を殺したのは脳のせい？

心の哲学に関する優れた入門書として、哲学者ジョン・サールによる著書２冊、『マインド：心の哲学（*Mind: A Brief Introduction*）』（山本貴光・吉川浩満訳、朝日出版社）と『意識の神秘：生物学的自然主義からの挑戦（*The Mystery of Consciousness*）』（笹倉明子・小倉拓也・佐古仁志・小林卓也訳、新曜社）をお薦めする。後者はとくに、サールとほかの哲学者とのやり取りが盛り込まれているので、興味深いと思われるかもしれない。有力な論文集はデイヴィッド・チャルマーズ編の *Philosophy of Mind: Classical and Contemporary Readings* である。ロボットと人工知能の議論も含めた意識に関する論争の幅広い入門については、私の前著 *Are You a Machine? The Brain, the Mind, and What It Means to Be Human* を参照されたい。最後に、フョードル・ドストエフスキーの『地下室の手記（*Notes from the Underground*）』（安岡治子訳、光文社）は、自由意志と意識の本質に関する言及と鋭い洞察が詰め込まれている。

◉第２章　意志はころがり落ちる石なのか

決定論の意味合いに関する優れた議論を知るには、テッド・ホンデリックの『あなたは自由ですか？：決定論の哲学（*How Free Are You? The Determinism Problem*）』（松田克進訳、法政大学出版局）を読んでみてほしい。量子力学についての本は何百冊とある。自然における量子力学の役割について詳しく知るには、アミット・ゴスワミの *The Physicists' View of Nature: The Quantum Revolution* がお薦めだ。量子力学については、ジェフリー・サティンオーヴァーの *The Quantum Brain: The Search for Freedom and the Next Generation of Man* もチェックしてみよう。サティンオーヴァーは量子の背後にある科学的原理をうまく手ほどきし、さらにそれを自由意志の存在に関する議論と結びつけている。

◉第３章　二つの対立する答え

自由意志に関する哲学書は無数にあるが、主要な論文集に目を通すこと

で、論争の概要をつかめる。お薦めの１冊はロバート・ケインによる*The Oxford Handbook of Free Will*。もう少し簡潔な本としてはダニエル・オコナーの*Free Will*をお薦めする。これは論文集ではないが、このテーマの入門書として優れている。自由意志と責任の関係を探りたい人は、ピーター・フレンチの*Free Will and Moral Responsibility*を読んでみてほしい。

◉第４章　頭のなかの嵐

道徳的行為主体、あるいは「自己」の概念は、ずっと前から哲学で論じられている。本書はその哲学について、少なくとも直接的には取り上げなかったが、調べる価値のある魅力的な分野である。手始めに、キム・アトキンスの*Self and Subjectivity*が論文集としてお薦めだ。

しかし本書では、行為主体性の科学的見解に重点を置いた。このテーマについて私が気に入っている本として、フランシス・クリックの『ＤＮＡに魂はあるか：驚異の仮説（*The Astonishing Hypothesis: The Scientific Search for the Soul*）』（中原英臣訳、講談社）、ジョゼフ・ルドゥーの『シナプスが人格をつくる：脳細胞から自己の総体へ（*Synaptic Self: How Our Brains Become Who We Are*）』（谷垣暁美訳、みすず書房）、ジョン・C・エックルスの『自己はどのように脳をコントロールするか（*How the Self Controls Its Brain*）』（大野忠雄・齋藤基一郎訳、シュプリンガー・フェアラーク東京）、そしてダグラス・ホフスタッターの*I Am a Strange Loop*が挙げられる。創発特性と意識の関係について詳しく知るには、ジェラルド・エーデルマンの*A Universe of Consciousness: How Matter Becomes Imagination*や『脳は空より広いか：「私」という現象を考える（*Wider Than the Sky: The Phenomenal Gift of Consciousness*）』（冬樹純子訳、草思社）などの著作を探してほしい。

◉第５章　抑えられない衝動

神経学的なけがや病気の患者に関する研究は、脳の働きについてのさまざまな見識を科学者に与えている。神経科学のうちこのような研究にかなり依存しているのは、脳の可塑性の分野である。このテーマについて、数多くの臨床例とその含意を探っている良書が、ノーマン・ドイジの『脳は奇跡を起こす（*The Brain That Changes Itself*）』（竹迫仁子訳、講談社インターナショナル）である。脳と意識についてニューロンレベルで知りたい人は、クリストフ・コッホの『意識の探求：神経科学からのアプローチ（*The Quest for Consciousness: A Neurobiological Approach*）』（土谷尚嗣・金井良太訳、岩波書店）と、バーナード・バースらによる編集の*Essential Sources in the Scientific Study of Consciousness*を読んでみてほしい。脳の働き方に関するもっと一般的な入門書としてとてもわかりやすいのは、スティーブン・ジョンソンの『マインド・ワイド・オープン：自らの脳を覗く（*Mind Wide Open: Your Brain and the Neuroscience of Everyday Life*）』（上浦倫人訳、ソフトバンクパブリッシング）。

◉第６章　神経科学者の見解は間違っている
真の意志の座を発見すれば、豊富な研究の機会が開かれるだろう。私たちの行動開始は脳の働きとどうつながっているのか？　本章で論じたように、意志の探求は私たちを前頭葉に導くように思われる。前頭葉とその実行機能との関係について詳しく知るには、エルコノン・ゴールドバーグの『脳を支配する前頭葉：人間らしさをもたらす脳の中枢（*The Executive Brain: The Frontal Lobes and the Civilized Mind*）』（沼尻由紀子訳、講談社）を探そう。フランシス・クリックの『ＤＮＡに魂はあるか：驚異の仮説（*The Astonishing Hypothesis: The Scientific Search for the Soul*）』（中原英臣訳、講談社）とジェフリー・サティンオーヴァーの *The Quantum Brain: The Search for Freedom and the Next Generation of Man* も関連がある。

◉第７章　理性は情動に依存する
ソマティック・マーカー仮説について詳しく知るには、アントニオ・ダマシオの『デカルトの誤り（*Descartes' Error*）』（田中三彦訳、筑摩書房）を読んでほしい。ほかにもダマシオの良書として、『無意識の脳 自己意識の脳：身体と情動と感情の神秘（*The Feeling of What Happens: Body and Emotion in the Making of Consciousness*）』（田中三彦訳、講談社）と『感じる脳：情動と感情の脳科学よみがえるスピノザ（*Looking for Spinoza*）』（田中三彦訳、ダイヤモンド社）などがある。

◉第８章　決断の引き金が明らかに
意識の経験のタイミングに関するベンジャミン・リベットの研究は、科学文献で熱く論じられてきた。彼の結果について詳しい議論に興味があれば、*Consciousness and Cognition* 誌（2002）の２巻を探してほしい。リベットの解釈と実験計画を支持するものと非難するもの、両方の論文が見られる。リベットの研究について詳しく知るには、彼の著書『マインド・タイム：脳と意識の時間（*Mind Time: The Temporal Factor in Consciousness*）』（下條信輔訳、岩波書店）を参照されたい。彼が編集した *The Volitional Brain: Toward a Neuroscience of Free Will* には、神経科学、心理学、精神医学、物理学、および哲学の各分野の学者が寄稿しているので、チェックするといい。

◉第９章　マジシャンとしての脳
自由意志は錯覚だという主張は大勢の哲学者、心理学者、科学者が展開している。そう考える一派の先頭に立つ２人として、『解明される意識（*Consciousness Explained*）』（山口泰司訳、青土社）、『解明される宗教：進化論的アプローチ』（*Breaking the Spell*）』（阿部文彦訳、青土社）、および *Elbow Room* の著者であるダニエル・デネットと、*The Illusion of Conscious Will* の著者であるダニエル・ウェグナーが頭に浮かぶ。ほかにデルク・ピレブームの *Living without Free Will* もチェックしてほしい。

◉第 10 章　心や体の動きを予測する
科学文献では、神経科学的手法を用いた行動予測は、一般に自由意志との議論とはっきり結びつけられていない。本章で検討した研究をさらに追いかけるには、私ならアポストロス・ゲオルゴポウロスなどの神経科学者による関連論文をオンラインで探すところから始めるだろう。トーマス・メッツィンガー編の *Neural Correlates of Consciousness* のような論文集も役に立つ。
脳指紋のような神経科学のイノベーションが法律や司法制度にどう影響するかについて、もっと詳しく知るには、ロバート・ブランクの *Brain Policy: How the New Neuroscience Will Change Our Lives and Our Politics*、およびブレント・ガーランド編の『脳科学と倫理と法：神経倫理学入門 (*Neuroscience and the Law: Brain, Mind and the Scales of Justice*)』(古谷和仁・久村典子訳、みすず書房）をチェックしてほしい。

◉第 11 章　人間はプログラムされたマシンか
テクノロジーの発展における神経生物学の役割について詳しく知るには、ロジャー・マスターズとマイケル・マグワイアの *The Neurotransmitter Revolution: Serotonin, Social Behavior, and the Law*、ジョナサン・モレノの『操作される脳：マインド・ウォーズ（*Mind Wars: Brain Research and National Defense*)』(西尾香苗訳、アスキー・メディアワークス)、そしてマイク・マーティンの *From Morality to Mental Health: Virtue and Vice in a Therapeutic Culture* を探してほしい。ノーマン・ドイジの『脳は奇跡を起こす（*The Brain That Changes Itself*)』(竹迫仁子訳、講談社インターナショナル）も、脳の機能に環境因子が与える影響についての本なので関連がある。プロザックが人間の人格におよぼす影響について詳しく知りたい人は、『驚異の脳内薬品：鬱に勝つ「超」特効薬（*Listening to Prozac: The Landmark Book about Antidepressants and the Remaking of the Self*)』(堀たほ子訳、同朋社）を参照されたい。
本章を書くにあたって、私はリチャード・レスタックの *The New Brain: How the Modern Age Is Rewiring Your Mind* におおいに助けられたので、ぜひお薦めしたい。彼のほかの２冊、*The Brain Has a Mind of Its Own: Insights from a Practicing Neurologist*、および『はだかの脳：脳科学の進歩は私たちの暮らしをどう変えていくのか？（*The Naked Brain: How the Emerging Neurosociety Is Changing How We Live, Work, and Love*)』(高橋則明訳、アスペクト）も面白いと思う。

◉第 12 章　悪徳の種が脳に植えられている？
近年、神経科学が倫理とどう関係するかの研究を表現するために、「脳神経倫理学」という用語が生まれた。神経科学者、哲学者、および倫理学者の観点からこのテーマについての考えを集めたのが、スチーヴン・マーカス編の *Neuroethics: Mapping the Field* である。神経科学と法律の関係に興味がある場合、ロバート・ブランクの *Brain Policy: How the New Neuroscience Will Change Our Lives and Our Politics*、ブレント・ガーランド編の『脳

科学と倫理と法：神経倫理学入門 (*Neuroscience and the Law: Brain,Mind and the Scales of Justice*)』（古谷和仁・久村典子訳、みすず書房）、ロジャー・マスターズとマイケル・マグワイアの *The Neurotransmitter Revolution: Serotonin, Social Behavior, and the Law*、リチャード・レスタックの『はだかの脳：脳科学の進歩は私たちの暮らしをどう変えていくのか？ (*The Naked Brain: How the Emerging Neurosociety Is Changing How We Live, Work, and Love*)』（高橋則明訳、アスペクト）を読んでみてほしい。いま挙げた本はすべて、神経科学が犯罪行動について何を教えられるかという問題を網羅している。ジャン・ヴォラフカの *The Neurobiology of Violence* もこのテーマについての良書だが、ほかの本より専門的である。最後に、レオポルドとローブの犯罪と裁判についてもっと知りたい人は、ハル・ヒグドンの *Leopold and Loeb: The Crime of the Century* を探そう。

◉第 13 章　倫理の終わり

ガザニガの研究の大部分は、インターネットで彼の書いた学術論文を検索すれば見つかるが、自由意志と倫理のような問題に関する彼の意見の多くは、『脳のなかの倫理：脳倫理学序説 (*The Ethical Brain*)』（梶山あゆみ訳、紀伊国屋書店）に示されている。

ダニエル・デネットの研究は、本章で示されているのと似た立場を示している。その好例は『解明される意識 (*Consciousness Explained*)』（山口泰司訳、青土社）と、『解明される宗教：進化論的アプローチ』(*Breaking the Spell*)』（阿部文彦訳、青土社）の２冊である。リチャード・ジョイスの *The Myth of Morality* を読むのも面白いかもしれない。

◉第 14 章　意識の深さを探る

意識とはじつに不可解な現象である。何なのか？　どうして生まれるのか？　まだ正確に定義することはできないので、理解する最善の方法は多くの特性——意識が与える知力——を検討することである。さまざまな側面についての哲学的考察については、ジョン・サールによる著書２冊、『マインド：心の哲学 (*Mind: A Brief Introduction*)』（山本貴光・吉川浩満訳、朝日出版社）と『意識の神秘：生物学的自然主義からの挑戦 (*The Mystery of Consciousness*)』（笹倉明子・小倉拓也・佐古仁志・小林卓也訳、新曜社）を読んでほしい。神経心理学的な理解のためには、バーナード・バースの『脳と意識のワークスペース（*In the Theater of Consciousness: The Workspace of the Mind*)』（苧阪直行訳、協同出版）を読んでみよう。私は意識に関する論文集を読むのも好きなほうだ。なぜなら、このテーマに対するさまざまな視点とアプローチが理解を広げてくれるからだ。そのうちの２冊がバーナード・バースらによる編集の *Essential Sources in the Scientific Study of Consciousness* とトーマス・メッツィンガー編の *Neural Correlates of Consciousness* である。意識についての逸話や随筆風の考察を含むもっと多岐にわたる著作集として、ダグラス・ホフスタッターとダニエル・デネット編の『マインズ・アイ：コンピュータ時代の「心」と「私」

(*The Mind's I: Fantasies and Reflections on Self and Soul*)』(坂本百大訳、ティビーエス・ブリタニカ)を読んでみよう。最後に、ジャン・ボービーの人生についてもっと知りたければ、彼の感動的な著書『潜水服は蝶の夢を見る (*The Diving Bell and the Butterfly: A Memoir of Life in Death*)』(河野万里子訳、講談社)を探そう。

◉第 15 章 アルゴリズムは「限りのない問題」を解けない
本章では、人間の意識がアルゴリズムではありえない可能性についての議論を探った。どうして道徳的な問題のような限りのない問題を私たちは解決できるのに、決定しているシステムはできないのかを示す観点からとらえた。これがコンピューターの処理能力とどう関係するかの議論については、ヒューバート・ドレイファスの『コンピュータには何ができないか:哲学的人工知能批判 (*What Computers Still Can't Do: A Critique of Artificial Reason*)』(黒崎政男・村若修訳、産業図書)を探してほしい。帰納的推理と人間の問題解決に関する詳しい説明は、ラリー・ライトの *Better Reasoning: Techniques for Handling Argument, Evidence, and Abstraction* を読んでみよう。
アルゴリズム的システムは限りのない問題を解けないという議論は、ゲーデルの定理と呼ばれる有名な数学的概念を使って、数学的にも取り組まれている。この定理は、そのようなシステムはすべて、解ける問題の種類が限られていることを実証している。これは非常に興味深い証明であり、哲学のさまざまな考えに応用できる。その展開と含意についての入門として、トルケル・フランセーンの『ゲーデルの定理:利用と誤用の不完全ガイド (*Gödel's Theorem: An Incomplete Guide to Its Use and Abuse*)』(田中一之訳、みすず書房)を探そう。この定理と芸術や音楽のような日常的現象との関係について、かなり長大だが独特の議論を展開しているダグラス・ホフスタッターの『ゲーデル、エッシャー、バッハ:あるいは不思議の環 (*Gödel, Escher, Bach: An Eternal Golden Braid*)』(野崎昭弘訳、白揚社)も、あなたは気に入るかもしれない。

◉第 16 章 内面世界を意識的に旅する
本章に示された考えの多くは私自身のものだが、哲学者のジョン・サールとヒューバート・ドレイファスの著作に着想を得ている。意識と人間の論理的思考について、もっと詳しく知りたい人には、説明がとても明確なサールの著作をとくにお薦めする。すぐに思い浮かぶのは、『マインド:心の哲学 (*Mind: A Brief Introduction*)』(山本貴光・吉川浩満訳、朝日出版社)と『意識の神秘:生物学的自然主義からの挑戦 (*The Mystery of Consciousness*)』(笹倉明子・小倉拓也・佐古仁志・小林卓也訳、新曜社)の 2 冊だ。バーナード・バースの『脳と意識のワークスペース (*In the Theater of Consciousness: The Workspace of the Mind*)』(苧阪直行訳、協同出版)も、あなたは気に入るかもしれない。最後に、本章の考えに関連する概念が私の前著 *Are You a Machine? The Brain, the Mind, and What*

It Means to Be Human で論じられている。

◉第 17 章　道徳的行為主体はいかに生まれるか

道徳的行為主体がどうして出現したかの議論で、私たちが取り上げなかった文献は、意識の進化に関するものである。その研究に手をつけたい人は、ウィリアム・カルヴィンの *A Brief History of the Mind* から始めよう。

科学の情勢とそれが意識的な行為主体性とどうかかわるかについて、さらに詳しく知りたければ、ジェフリー・サティンオーヴァーの *The Quantum Brain: The Search for Freedom and the Next Generation of Man*、フランシス・クリックの『ＤＮＡに魂はあるか：驚異の仮説（*The Astonishing Hypothesis: The Scientific Search for the Soul*）』（中原英臣訳、講談社）、さらにもっと上級のものを望むならロジャー・ペンローズの『皇帝の新しい心：コンピュータ・心・物理法則（*The Emperor's New Mind*）』（林一訳、みすず書房）を読んでみよう。道徳的行為主体性の創発については、*A Universe of Consciousness: How Matter Becomes Imagination* や『脳は空より広いか：「私」という現象を考える（*Wider Than the Sky: The Phenomenal Gift of Consciousness*）』（冬樹純子訳、草思社）など、ジェラルド・エーデルマンの著作を読んでみよう。ダグラス・ホフスタッターの *I Am a Strange Loop* もお薦めだ。

◉第 18 章　心の宮殿

神経生物学による意識の研究は次の科学革命の担い手であると、私は信じている。あらゆる最先端の研究が進行中であることに加えて、神経科学の問題そのものが非常に魅力的で、真に一考に値する。本書に示された考えにあなたの心をとらえたものがひとつでもあるなら、次に挙げる本もあなたは気に入るだろう。クリストフ・コッホの『意識の探求：神経科学からのアプローチ（*The Quest for Consciousness: A Neurobiological Approach*）』（土谷尚嗣・金井良太訳、岩波書店）、バーナード・バースらによる編集の *Essential Sources in the Scientific Study of Consciousness*、スティーブン・ジョンソンの『マインド・ワイド・オープン：自らの脳を覗く（*Mind Wide Open: Your Brain and the Neuroscience of Everyday Life*）』（上浦倫人訳、ソフトバンクパブリッシング）、ノーマン・ドイジの『脳は奇跡を起こす（*The Brain That Changes Itself*）』（竹迫仁子訳、講談社インターナショナル）、トーマス・メッツィンガー編の *Neural Correlates of Consciousness*、フランシス・クリックの『ＤＮＡに魂はあるか：驚異の仮説（*The Astonishing Hypothesis: The Scientific Search for the Soul*）』（中原英臣訳、講談社）、ダグラス・ホフスタッターとダニエル・デネット編の『マインズ・アイ：コンピュータ時代の「心」と「私」（*The Mind's I: Fantasies and Reflections on Self and Soul*）』（坂本百大訳、ティビーエス・ブリタニカ）、そして拙著 *Are You a Machine? The Brain, the Mind, and What It Means to Be Human*。

「記憶の宮殿」の概念については、ジョナサン・スペンスの『マッテオ・

リッチ記憶の宮殿 (*The Memory Palace of Matteo Ricci*)』（古田島洋介訳、平凡社）に詳しい。神経科学研究における飛躍的進歩への道について興味があるなら、記憶の生物学的基盤の研究でノーベル医学生理学賞を受賞したエリック・カンデルの *In Search of Memory: The Emergence of a New Science of Mind* をチェックするべきだ。さらに詳しいことに興味があるなら、意識、自由意志、そして道徳的行為主体性に関する本はたくさん出回っている。

注

◉はじめに　人間に自由な意志はあるのか

1. Fyodor Dostoevsky, *Notes from the Underground*, trans. Ralph E. Matlaw(New York: E. P. Dutton and Co., 1960), p. 24.（強調は筆者が追加)。ドストエフスキー『地下室の手記』（安岡治子訳、光文社）

◉第１章　人を殺したのは脳のせい？

1. *Mobley v. State*, 455 S.E. 2d 61 (Ga. 1995).
2. Cecille Price-Huish, "Born to Kill? Agression Genes and Their Potential Impact on Sentencing and the Criminal Justice System," *Southern Methodist University Law Review* (January 1997): 610.
3. Francis Crick, *The Astonishing Hypothesis: The Scientific Search for the Soul* (New York: Charles Scribner's Sons, 1994), p. 3. フランシス・クリック『ＤＮＡに魂はあるか：驚異の仮説』（中原英臣訳、講談社）
4. Joseph LeDoux, *Synaptic Self: How Our Brains Become Who We Are* (NewYork: Penguin Books, 2002), p. 324. ジョゼフ・ルドゥー『シナプスが人格をつくる：脳細胞から自己の総体へ』（谷垣暁美訳、みすず書房）
5. Dennis Overbye, "Free Will: Now You Have It, Now You Don't," *New York Times*, January 2, 2007 に引用。
6. ここでは、前提と結論をわかりやすくするために、論理を哲学的構成で表現している。この構成のほうが論理のどの要素に賛成かを考えやすくなり、問題があると思う前提はどれかという的を絞った批評ができる。
7. John R. Searle, *Mind: A Brief Introduction* (Oxford: Oxford University Press, 2004), p. 160. ジョン・R・サール『マインド：心の哲学』（山本貴光・吉川浩満訳、朝日出版社）

◉第２章　意志はころがり落ちる石なのか

1. "He listens to the Brain's 'Sur,'" May 29, 2001, http://www.rediff.com/news/may401s.htm
2. "Expanding *Nature Neuroscience*," *Nature Neuroscience* 8 (2005): 1.
3. エノック・コルディスの話。Sandra Ackerman, *Discovering the Brain* (Washington, DC: National Academy Press, 1992), p.7. サンドラ・アッカーマン『脳の新世紀』（中川八郎・永井克也訳、化学同人）より引用。
4. Pierre Laplace, *A Philosophical Essay on Probabilities*, Trans. F.W. Truscott and F.L. Emory (New York: Dover, 1951). ピエール・ラプラス『確率の哲学的試論』（内井惣七訳、岩波書店）
5.「サマラで会う約束」というこのショートストーリーは、1933 年にサマセット・モームが書いたもの。
6.「量子」は何かの最も小さい単位と定義される。たとえば光の量子は光子である。量子力学は最小規模での物理学の研究である。

7. Amit Goswami, *The Physiticits' View of Nature: The Quantum Revolution* (New York: Springer, 1992), p.55
8. このように関係を組み立てるにあたって、私は Russ Shafer-Landau and Joel Feinberg, *Reason and Responsibility in Some Basic Problem of Philosophy* (Belmont, CA: Wadsworth, 2004), pp 387-88 を参考にしている。

◉第３章　二つの対立する答え

1. ローマ神話ではエルキュールと呼ばれる。
2. 人が自由でなかった行動の責任を負えないことは明白に思える。しかし、自由に行動して、その道徳的責任を負わないことはありえたのだろうか？　ヘラがヘラクレスに、家族を殺させる代わりに金貨の詰まった箱を盗むように命じ、もしやらなければ殺すと脅したとしよう。ヘラクレスは自由意志でヘラに言われたことをやる。ということは、彼には箱を盗んだことの道徳的責任があるということなのか？　おそらくそうではないだろう。この疑問に答えるためには、関連する倫理的問題についての情報がもっとたくさん必要だ。しかし肝心なのは、ヘラクレスはたとえ自由意志を使っても道徳的責任がないかもしれないことだ。このことから、人が自由に行動しても道徳的責任を負わない状況があることがわかる。要するに、自由意志は――もしあっても――道徳的責任を問うのに十分ではないかもしれないが、必要だと思われるのはたしかである。
3. 両立論は「弱い決定論」と呼ばれることがある。これは心理学者のウィリアム・ジェームズが考えた用語だ。私はこの用語は誤解を招きやすく、あまり有用ではないと思うので、本書では使わない。
4. このような思考実験は、もともとジョン・ロックが *An Essay Concerning Human Understanding*（『人間知性論』岩波書店など）に示している。この種の例は、一般に「フランクファート型事例」と呼ばれる。哲学者のハリー・フランクファートが、自由意志が成立するには、ほかにやりようがなくてはならなかったという考えに異議を唱えるために使ったからだ。
5. このフランクファート型事例を示す人は大勢いて、たとえばエレノア・スタンプは *Faith, Freedom and Rationality*, ed. Daniel Howard-Snyder and Jeff Jordan (Lanham, MD: Rowman and Littlefield, 1996), pp. 73–88 の "Libertarian Freedom and the Principle of Alternative Possibilities," で、またスチュアート・ゲッツは "Frankfurt-Style Counterexamples and Begging the Question," *Midwest Studies in Philosophy* 29 (2005): 83–105 で例示している。
6. John R. Searle, *Mind: A Brief Introduction* (Oxford: Oxford University Press, 2004), p. 154. ジョン・R・サール『マインド：心の哲学』（山本貴光・吉川浩満訳、朝日出版社）
7. 同上、p.155
8. Thomas H. Huxley, "On the Hypothesis That Animals Are Automata, and Its History," in *Collected Essays* by T. H. Huxley (Boston, MA:

Adamant Media Corporation, 2000 [1874]), pp. 240–44.

◉第４章　頭のなかの嵐

1. Victor Hugo, *Les Misérables*, trans. Lee Fahnestock and Norman MacAfee (New York: Signet Classics, 1987), pp. 224–25. ヴィクトル・ユーゴー『レ・ミゼラブル』（西永良成訳、ちくま文庫）
2. 同上、p.227
3. 同上、pp.230-31
4. 同上、pp.219-34
5.「回」は脳の表面の隆起した部分。回と回のあいだに位置する線またはしわの「溝」と対照をなす。
6. これらの脳の構造がすべてどのように協調して、情動を生み出すのか、正確にはまだわかっていない。そのため、情動処理の正確な経路を示すことはできない。
7. このことは神経科学者のアントニオ・ダマシオの『デカルトの誤り』のように、神経科学に関するさまざまな著作のタイトルに見られる。
8. Gilbert Ryle, *The Concept of Mind* (London: Hutchinson & Company, 1949) ギルバート・ライル『心の概念』（坂本百大・井上治子・服部裕幸訳、みすず書房）
9. 最近おもしろい話を聞いた（実話だとは約束できない）。友人にいたずらをするために、数人で水泳プールに数キロのナトリウムを投げ入れようとした。彼らにとって幸いなことに、邪魔が入って実行できなかった。もし実行していても、あまり面白いいたずらではなかっただろう。なにしろ、誰も友人の驚いた顔を生きて見ることはなく、プールも、友人の家も、あたり一帯も、巨大な火の玉に変わっていただろうから。
10. Gerald Edelman, *A Universe of Consciousness: How Matter Becomes Imagination* (New York: Basic Books, 2000)、Christof Koch, *The Quest for Consciousness: A Neurobiological Approach* (Englewood, CO: Roberts and Company, 2004). クリストフ・コッホ『意識の探求：神経科学からのアプローチ（上）（下）』（土谷尚嗣・金井良太訳、岩波書店）

◉第５章　抑えられない衝動

1. Elkhonon Goldberg, *The Executive Brain: The Frontal Lobes and the Civilized Mind* (Oxford: Oxford University Press, 2001), p. 182. エルコノン・ゴールドバーグ『脳を支配する前頭葉：人間らしさをもたらす脳の中枢』（沼尻由紀子訳、講談社）
2. Sean A. Spence and Chris D. Frith, “Towards a Functional Anatomy of Volition,” *Journal of Conscious Studies* 6 (1999): 11–29.
3. 同上
4. Gerald T. Lim et al. “Clinicopathologic Case Report: Akinetic Mutism with Findings of White Matter Hyperintensity,” *Journal of Neuropsychiatry and Clinical Neurosciences* 14 (2002): 214–21.

5. 同上、pp. 120–21
6. Paolo Cavedini et al., "Frontal Lobe Dysfunction in Obsessive-Compulsive Disorder and Major Depression: A Clinical-Neuropsychological Study," *Psychiatry Research* 78, no. 1–2 (1998): 21–28.
7. François Lhermitte, "'Utilization Behavior' and Its Relation to Lesions of the Frontal Lobes," *Brain* 106, no. 2 (1983): 237–55、および Lhermitte, "Human Autonomy and the Frontal Lobes. Part I: Imitation and Utilization Behavior: A Neuropsychological Study of 75 Patients," *Annals of Neurology* 19, no. 4 (1986): 326–34.
8. Yutaka Tanaka et al., "Forced Hyperphasia and Environmental Dependency Syndrome," *Journal of Neurology, Neurosurgery and Psychiatry* 68, no. 2 (2000): 224–26.
9. Henrik Walter, "Neurophilosophy of Free Will," *The Oxford Handbook of Free Will*, ed. Robert Kane (Oxford: Oxford University Press, 2002), pp. 565–76.「『私』障害」(英語で "I-disorder") という名称はドイツ語の "Ich-Störung" の訳である。
10. PET スキャンは、アイソトープと呼ばれる放射性トレーサーを患者の血流に挿入することで撮影される。アイソトープが崩壊するとき、陽電子という小さな粒子がその原子核から放出される。スキャナーが何をするかというと、陽電子が電子と衝突するときを検出するのだ。トレーサーが血流に入っているので、スキャンは脳内で血液が流れている場所をうまく測定する。局所脳血流(rCBF)の変化を記録することによって、脳の活性化を測定するのである。
11. Sean A. Spence et al. "A PET Study of Voluntary Movement in Schizophrenic Patients Experiencing Passivity Phenomena," *Brain* 120, no. 11 (1997): 1997–2011.
12. 決定論を推進する科学者でも両立論者であれば、ディーヴァーが道徳的責任を負えなかったことに異議を唱えるだろう。その人の言い分では、ディーヴァーにほかに選択肢があったのならば、彼はつねに自由意志を持っていて、自分の行動に道徳的責任を負う。前章ではっきりさせたように、これは私たちが論じている自由意志の理解ではない。

◉第 6 章　神経科学者の見解は間違っている
1. Trevor H. Levere, *Transforming Matter: A History of Chemistry from Alchemy to the Buckyball* (Baltimore, MD: Johns Hopkins University Press, 2001), pp. 33–38, 56–69.
2. 酸化は、負の電荷を有する原子(たとえば酸素)が加わる反応、あるいは分子から水素が取り除かれる反応とも定義される。

◉第 7 章　理性は情動に依存する
1. これがどんな棒だったかを把握してもらうために、いくつか測定値を挙

げてみよう。重さは約6キロ、長さは約109センチ、直径は約3.2センチだ。Antonio Damasio, *Descartes' Error* (New York: Avon Books, 1994), p. 6. アントニオ・ダマシオ『デカルトの誤り』(田中三彦訳、筑摩書房) を参照。
2. フィニアス・ゲージの事故と回復についての話は、Damasio, *Descartes' Error* (first chapter)、および S. Gazzaniga et al., *Cognitive Neuroscience: The Biology of the Mind* (New York: W. W. Norton, 2002), pp. 537–38 より。
3. この部位は二つに分けられることがある。その場合、真ん中は「腹内側前頭前皮質」、左右は「外側眼窩前頭皮質」と呼ばれる。
4. Damasio, *Descartes' Error*, pp. 165–201.
5. 同上 pp. 173–75.
6. 悲しみ、喜び、怒り、その他の情動に関連する体の経験がある。
7. Damasio, *Descartes' Error*, p. 173.
8. 実行機能の損傷が行為にどう影響するかの事例については、第3章を参照。
9. Damasio, *Descartes' Error*, pp. 35–44.
10. この手術の一環で、前頭葉の組織を腫瘍とともに除去しなくてはならなかった。
11. Damasio, *Descartes' Error*, p. 42.
12. この保続 (perseveration) という障害が忍耐 (perseverance) とよく似た発音であるのは偶然ではない。
13. 情動的機能不全を確認するには、一般的には感情を引き起こすイメージに対して眼窩前頭皮質損傷の患者がどういう皮膚伝導反応 (基本的にうそ発見器検査に似たもの) を示すかを測定する方法がある。ダマシオの研究所では、眼窩前頭皮質損傷の患者と正常な対照グループを、アイオワの田舎や血だらけの死体などの写真を見ているときにモニターした。Gazzaniga et al., *Cognitive Neuroscience*, p. 552 を参照。正常な被験者では皮膚伝導のグラフに突出部分が見られた。それに引きかえ患者のグラフはほとんど直線で、情動的刺激に対してあまり反応していないことが示された。
14. A. Bechara, A. R. Damasio, H. Damasio, and S.W. Anderson, "Insensitivity to Future Consequences Following Damage to Human Prefrontal Cortex," *Cognition* 50 (1994): 7–15 および A. Bechara, H. Damasio, and A. R. Damasio, "Emotion, Decision Making and the Orbitofrontal Cortex," *Cerebral Cortex* 10 (2000): 295–307.
15. Damasio, *Descartes' Error*, pp. 214–16.
16. 同上、p 173.

◉第8章 決断の引き金が明らかに

1. 哲学ではこの誤りをアド・ホック・エルゴ・プロプター・ホックと呼ぶことがある。ラテン語で「これのあと、ゆえにこれのせい」を意味する。
2. 第3章で立証したように、道徳的責任は自由意志なしには存在しえないからだ。
3. 研究者人生を意識の研究に捧げるのはリスクが高い。意識についてわか

っていることはごくわずかで、質の高い結果を出すのは難しい。フランシス・クリックが『ＤＮＡに魂はあるか：驚異の仮説（*The Astonishing Hypothesis*）』（中原秀臣訳、講談社）に書いているように、リベットは大学の終身在職権を得てはじめて意識の研究を始めている。

4. Benjamin Libet, *Mind Time: The Temporal Factor in Consciousness* (Cambridge, MA: Harvard University Press, 2004), pp. 33–34. ベンジャミン・リベット『マインド・タイム：脳と意識の時間』（下條信輔訳、岩波書店）
5. Kevan Martin, "Time Waits for No Man," *Nature* 429, no. 20 (2004): 243–44.
6. Libet, *Mind Time*, pp. 124–34.
7. 同上、p.134.
8. 同上、pp.137-40.
9. 同上、p.139.
10. 同上、p.138.
11. Vilayanur S. Ramachandran, quoted in "The Zombie Within," *New Scientist*, September 5, 1998, p. 35.
12. Libet, *Mind Time*, p. 149.
13. 同上、pp.150-51.
14. Daniel C. Dennett, "The Self as a Responding—and Responsible—Artifact," *Annals of the New York Academy of Sciences* 1001 (2003): 39–50.
15. Benjamin Libet, "DoWe Have Free Will?" in *Volitional Brain*, ed. Benjamin Libet et al. (Thoverton, UK: Imprint Academic,1999), pp. 47–58.
16. Judy A. Trevena and Jeff Miller, "Cortical Movement Preparation Before and After a Conscious Decision to Move," *Consciousness and Cognition* 11, no. 2 (2002): 162–90.
17. これに対してリベットは、このことは説明がつくと主張している。彼は同僚とともに、平均にどういう影響がおよぶかを見るために、測定値のうち最も早い10パーセントを除外してみた。そして平均はほぼ同じままだったと判断している。すなわち、行動すると意識的に決断する約350ミリ秒前だった。Libet, "The Timing of Mental Events: Libet's Experimental Findings and Their Implications," *Consciousness and Cognition* 11 (2002): 291–99を参照。
18. Timothy L. Hubbard and Jamshed J. Barucha, "Judged Displacement in Apparent Vertical and Horizontal Motion," *Perception and Psychophysics* 44, no. 3 (1988): 211–21、およびSteve Joordens et al., "When Timing the Mind One Also Should Mind the Timing: Biases in the Measurement of Voluntary Actions," *Consciousness and Cognition* 11 (2002): 231–40.
19. 具体的には内側前頭皮質のいくつかの部位。
20. Hakwan C. Lau et al., "On Measuring the Perceived Onset of

Spontaneous Actions," *Journal of Neuroscience* 26, no. 27 (2006): 7265–71.
21. Trevena and Miller, "Cortical Movement Preparation Before and After a Conscious Decision to Move."

◉第９章　マジシャンとしての脳
1. Daniel M. Wegner, *The Illusion of Conscious Will* (Cambridge, MA: MIT Press, 2002), pp. 341–42.
2. 同上、pp.64-98.
3. この例は同上 p.63 からの翻案。
4. たしかに、このマカレナに関するくだりを入れたのは私だ。ウェグナーの例は枝の動きしか強調していない。しかし、（そもそもばかげている）この思考実験をやるつもりなら、人はあると思われる「木をコントロールする」力の限界を試してから、実際に自分にはそれがあると結論づけるのが理にかなっていそうだ。
5. Daniel M. Wegner and Thalia Wheatley, "Apparent Mental Causation: Sources of the Experience of the Will," *American Psychologist* 54 (1999): 480–91.
6. René Descartes, *Meditations on First Philosophy*, trans. John Veitch in 1901. http://www.wright.edu/cola/descartes/. ルネ・デカルト『省察』(山田弘明訳、ちくま学芸文庫)
7. Wegner, *Illusion of Conscious Will*, p. 49.
8. とくに、「行動を生む」は非常にあいまいな考えなので。「行動を生むシステム」という言い回しは非常に不正確で、それが何を意味するはずであるのか、ほんとうのところは私にはわからない。
9. Wilder Penfield, *The Mystery of Mind* (Princeton, NJ: Princeton University Press, 1975), pp. 76–77. ワイルダー・ペンフィールド『脳と心の神秘』（塚田裕三・山河宏訳、法政大学出版局）、および Wegner, *Illusion of Conscious Will*, p. 45.
10. 念のために言っておくと、すべての神経外科医が熱中しすぎて、人の脳を操作することに取りつかれるわけではない。一部のみである。
11. Wegner, *Illusion of Conscious Will*, p. 11.
12. Frode Willoch et al., "Phantom Limb Pain in the Human Brain: Unraveling Neural Circuitries of Phantom Limb Sensation Using Positron Emission Tomography," *Annals of Neurology* 48 (2000): 842–49.
13. 同上、p.40.
14. Lynette A. Jones, "Motor Illusions:What Do They Reveal about Proprioception?" *Psychological Bulletin* 103 (1998): 72–86、および Wegner, *Illusion of Conscious Will*, p. 40.
15. 統合失調症その他の意志の障害について、もっと詳しい議論は第５章を参照。

16. Wegner, *Illusion of Conscious Will*, p. 47.
17. 催眠中の動きが現実に決定されているかどうかは議論の余地がある。
18. John R. Searle, *Mind: A Brief Introduction* (Oxford: Oxford University Press, 2004), p. 157. ジョン・R・サール『マインド：心の哲学』(山本貴光・吉川浩満訳、朝日出版社)
19. Wegner, *Illusion of Conscious Will*, p. 341.
20. 同上、p.342.

◉第 10 章　心や体の動きを予測する

1. "Solar Eclipses in History and Mythology: Historical Observations of Solar Eclipses," Bibliotheca Alexandria Online, March 29, 2006, http://www.bibalex.org/eclipse2006/HistoricalObservationsofSolarEclipses.htm.
2. Wil Milan, "Fear and Awe: Eclipses through the Ages," January 18, 2000, http://www.space.com/scienceastronomy/solarsystem/lunar_lore_000118.html.
3. "Solar Eclipses in History and Mythology."
4. Herodotus, *Clio*, http://www.greektexts.com/library/Herodotus/Clio/eng/329.html (accessed November 17, 2006).
5. 彼は実際には、口笛を吹いたりメトロノームを鳴らしたり、さまざまな刺激を使って実験を行なった。それどころか、ベルなど使わなかったかもしれないが、たいていの人はこの実験をそう説明している。
6. Apostolos P. Georgopoulos, "Neural Mechanisms of Motor Cognitive Processes: Functional MRI and Neurophysiological Studies," in *The New Cognitive Neurosciences*, ed. Michael S. Gazzaniga (Cambridge, MA: MIT Press, 2000), pp. 525–38.
7. これは神経科学特有の概念ではない。物理学のベクトル和の概念にすぎない。たとえば、２つの力が別々の方向から１個の箱にかけられた場合、箱の動きはこの２つの力のベクトル和（大きさと方向）になる。
8. もちろん、この「意図」は文字どおりの意味ではなく、たとえの一部である。
9. Michael S. Gazzaniga et al., *Cognitive Neuroscience: The Biology of the Mind* (New York: W.W. Norton, 2002), p. 465.
10. Norman Doidge, *The Brain That Changes Itself: Stories of Personal Triumph from the Frontiers of Brain Science* (New York: Viking, 2007), p. 206. ノーマン・ドイジ『脳は奇跡を起こす』（竹迫仁子訳、講談社インターナショナル）
11. 同上、p.207.
12. Ayelet Sapir et al., "Brain Signals for Spatial Attention Predict Performance in a Motion Discrimination Task," *Proceedings of the National Academy of Sciences* 103, no. 49 (2005): 17810–15.
13. Michael Purdy, "Researchers Use Brain Scans to Predict Behavior," Washington School of Medicine in St. Lewis Online, November 29,

2005, http://mednews.wustl.edu/news/page/normal/6248.html.
14. Brent Garland, *Neuroscience and the Law: Brain,Mind and the Scales of Justice* (New York: Dana Press, 2004), p. 105. ブレント・ガーランド編『脳科学と倫理と法：神経倫理学入門』（古谷和仁・久村典子訳、みすず書房）
15. 同上、pp. 103–106.
16. 同上、p.106.
17. 私の意図はこの実験や関連する実験の結果をおとしめることでは断じてない。結果が非常に見事であるのはたしかだ。私はただ、「すべての」人間の行為が予測可能であることは実証されていないことを示したいだけである。

◉第 11 章　人間はプログラムされたマシンか
1. Peter D. Kramer, *Listening to Prozac: The Landmark Book about Antidepressants and the Remaking of the Self* (New York: Penguin Books, 1997), pp. ix–xi. ピーター・D・クレイマー『驚異の脳内薬品：鬱に勝つ「超」特効薬』（堀たほ子訳、同朋社）
2. 同上、p.15.
3. Richard Restak, *The New Brain: How the Modern Age Is Rewiring Your Mind* (New York: Rodale, 2003), p. 132.
4. プロビジルはモダフィニルという薬物の商標である。
5. “Narcolepsy More Common in Men, Often Originates in Their 20s,” http://www.mayoclinic.org/news2002-rst/986.html.
6. 同上
7. Arlene Weintraub, “Eyes Wide Open,” *Business Week*, April 24, 2006、および Restak, *The New Brain*, pp. 132–34.
8. Weintraub, “Eyes Wide Open.”
9. Restak, *The New Brain*, p. 133.
10. Jonathan D. Moreno, *Mind Wars: Brain Research and National Defense* (Washington, DC: Dana Press, 2006), p. 116.
11. Sean E. McCabe et al., “Non-medical Use of Prescription Stimulants among US College Students: Prevalence and Correlates from a National Survey,” *Addiction* 99 (2005): 96–106.
12. Restak, *The New Brain*, pp. 135–38.
13. Kramer, *Listening to Prozac*, pp. 1–12, 彼女の言葉は p. 12.
14. Johan A. den Boer, “Social Anxiety Disorder/Social Phobia: Epidemiology, Diagnosis, Neurobiology, and Treatment,” *Comprehensive Psychiatry* 46, no. 6 (2000): 405–15.
15. Mark Barad et al., “Rolipram, a Type IV-Specific Phosphodiesterase Inhibitor, Facilitates the Establishment of Long-Lasting Long-Term Potentiation and Improves Memory,” *Proceedings of the National Academy of Sciences* 95 (1998): 15020–25; Restak, *The New Brain*, pp.

141–44; Anjan Chatterjee, “Cosmetic Neurology: The Controversy over Enhancing Movement, Mentation, and Mood,” *Neurology* 63 (2004): 968–74.
16. “Messing with Our Minds,” *Independent*, January 18, 2005 に引用された Judy Illes の言葉。
17. Chatterjee, “Cosmetic Neurology.”
18. 私は人間がマシンかどうかという疑問を前著『あなたはマシンか？（*Are You a Machine?*)』(2007 年刊）で提起している。
19. Restak, *The New Brain*, p. 147.
20. 同上、pp.138-40.

◉第 12 章　悪徳の種が脳に植えられている？

1. George P. Scott, *Atoms of the Living Flame: An Odyssey into Ethics and the Physical Chemistry of Free Will* (Lanham, MD: University Press of America, 1985), pp. 2–13.
2. Hal Higdon, *Leopold and Loeb: The Crime of the Century* (Champaign: University of Illinois Press, 1999), p. 17.
3. 同上、p.19.
4. 同上
5. どちらが運転してどちらが殺人をしたかは議論されている。
6. Higdon, *Leopold and Loeb*, p. 42.
7. ダロウは 1925 年の有名なスコープス裁判で進化論教育を弁護したことでも知られている。
8. Higdon, *Leopold and Loeb*, p. 164.
9. Clarence Darrow, “A Plea for Mercy,” in *Modern Eloquence*, vol. 6, ed. Ashley Thorndike (New York: P. F. Collier & Son, 1936), pp. 80–85.
10. この事例と生物学的決定論を結びつけている人はほかにもいる。たとえば Scott, *Atoms of the Living Flame* を参照。
11. Clarence Darrow, *Crime and Criminals: An Address Delivered to the Prisoners in the Chicago County Jail* (Chicago: Charles H. Kerr and Company, 1919).
12. Dorothy Nelkin and M. Susan Lindee, *The DNA Mystique: The Gene as a Cultural Icon* (New York: W. H. Freeman, 1995), p. 144 [emphasis added]. ドロシー・ネルキン、M・スーザン・リンディー『DNA 伝説：文化のイコンとしての遺伝子』(工藤政司訳、紀伊國屋書店)
13. Markku Linnoila et al., “Low Cerebrospinal Fluid 5-Hydroxyindoleacetic Acid Concentration Differentiates Impulsive from Nonimpulsive Violent Behavior,” *Life Sciences* 33 (1983): 2609–14.
14. 同上
15. Matti Virkkunen et al., “CSF Biochemistries, Glucose Metabolism, and Diurnal Activity Rhythms in Alcoholic, Violent Offenders, Fire

Setters, and Healthy Volunteers," *Archives of General Psychiatry* 51, no. 1 (1994): 20–27.
16. Mitchell E. Berman and Emil F. Coccaro, "Neurobiologic Correlates of Violence: Relevance to Criminal Responsibility," *Behavioral Sciences and the Law* 16 (1998): 303–18.
17. Michael J. Raleigh et al., "Serotonergic Mechanisms Promote Dominance Acquisition in Adult Male Vervet Monkeys," *Brain Research* 559 (1991): 181–90.
18. Rhona Limson et al., "Personality and Cerebrospinal Fluid Monoamine Metabolites in Alcoholics and Controls," *Archives of General Psychiatry* 48, no. 5 (1991): 437–41.
19. Matti Virkkunen, A. Nuutila, F. K. Goodwin, and M. Linnoila, "Cerebrospinal Fluid Monoamine Metabolite Levels in Male Arsonists," *Archives of General Psychiatry* 44, no. 3 (1987): 241–47.
20. Gary B. Melton et al. *Psychological Evaluations for the Courts: A Handbook for Mental Health Professionals and Lawyers* (New York: Guilford Press, 1997), p. 191.
21. 同上、pp. 191–93.
22. Gyorgy Csaba and Kornélia Tekes, "Is the Brain Hormonally Imprintable?" *Brain & Development* 27 (2005): 465–71.
23. Csaba Gyorgy et al., "Effect of Neonatal-Endorphin Imprinting on Sexual Behavior and Brain Serotonin Level in Adult Rats," *Life Sciences* 73 (2003): 103–14.
24. Csaba Gyorgy et al., "Effect of Mianserin Treatment at Weaning with the Serotonin Antagonist Mianserin on the Brain Serotonin and Cerebrospinal Fluid Nocistatin Level of Adult Female Rats: A Case of Late Imprinting," *Life Sciences* 75 (2004): 939–46.
25. Ilona Vathy et al., "Modulation of Catecholamine Turnover Rate in Brain Regions of Rats Exposed Prenatally to Morphine," *Brain Research* 662 (1994): 209–15.
26. Hoau-Yan Wang et al., "Prenatal Cocaine Exposure Selectively Reduces Mesocortical Dopamine Release," *Journal of Pharmacology and Experimental Therapeutics* 273 (1995): 121–25.
27. David R. Owen, "The 47, XYY Male: A Review," *Psychological Bulletin* 78, no. 3 (1972): 209–33.
28. Jan Volavka, *The Neurobiology of Violence* (Washington, DC: American Psychiatric Press, 1995), p. 70.
29. Owen, "The 47, XYY Male."
30. Herman A Witkin et al., "Criminality in XYY and XXY Men," *Science* 193, no. 4253 (1976): 547–55.
31. Bernard Bioulac et al., "Biogenic Amines in 47, XYY Syndrome," *Neuropsychobiology* 4, no. 6 (1978): 366–70; および Volavka,

Neurobiology of Violence, p. 51.
32. Kandel et al., "IQ as a Protective Factor for Subjects at High Risk for Antisocial Behavior," *Journal of Consulting and Clinical Psychology* 56, no. 2 (1988): 224–26 のようないくつかの研究が、知能の高い人のほうが犯罪行動にたずさわる可能性が低いことを示している。
33. Volavka, *Neurobiology of Violence*, pp. 124–25.
34. Jan Volavka, "The Neurobiology of Violence: An Update," *Journal of Neuropsychiatry and Clinical Neurosciences* 11 (1999): 307–14.
35. John H.Morton et al., "A Clinical Study of Premenstrual Tension," *American Journal of Obstetrics and Gynecology* 65, no. 6 (1953): 1182–91; P. T. d'Orbán and James Dalton, "Violent Crime and the Menstrual Cycle," *Psychological Medicine* 10, no. 2 (1980): 353–59; Volavka, *Neurobiology of Violence*, pp. 74–76.
36. "Premenstrual Syndrome (PMS)," October 27, 2006, http://www.mayo clinic.com/health/premenstrual-syndrome/DS00134.
37. Don R. Cherek et al., "Effects of Chronic Paroxetine Administration on Measures of Aggressive and Impulsive Responses of Adult Males with a History of Conduct Disorder," *Psychopharmacology* 159 (2002): 266–74; Alyson J. Bond, "Antidepressant Treatments and Human Aggression," *European Journal of Pharmacology* 526, no. 1–3 (2005): 218–25.
38. Steven Rose, *The Future of the Brain: The Promise and Perils of Tomorrow's Neuroscience* (Oxford: Oxford University Press, 2005), p. 271.
39. Amanda C. Pustilnik, "Violence on the Brain: A Critique of Neuroscience in Criminal Law," Harvard Law School Faculty Scholarship Series, paper 14, 2008, http://lsr.nellco.org/harvard_faculty/14; Rose 2005, pp. 276–77.

●第 13 章　倫理の終わり

1. Harry J. Maihafer, *Brave Decisions: Fifteen Profiles in Courage and Character from American Military History* (Dulles, VA: Brassey's, 1995), p. 201.
2. 同上、pp. 196–210.
3. Michael S. Gazzaniga, *The Ethical Brain* (New York: Dana Press, 2005), p. 148. マイケル・S・ガザニガ『脳のなかの倫理：脳倫理学序説』（梶山あゆみ訳、紀伊国屋書店）
4. 同上、pp. 148–49.
5. Vilayanur S. Ramachandran, "Anosognosia in Parietal Lobe Syndrome," in *Essential Sources in the Scientific Study of Consciousness*, ed. Bernard J. Baars et al. (Cambridge, MA: MIT Press, 2003), pp. 805–30.

6. 同上
7. Michael S. Gazzaniga, "Cerebral Specialization and Interhemispheric Communication: Does the Corpus Collosum Enable the Human Condition?" *Brain* 123 (2000): 1293–1326.
8. Gazzaniga, *The Ethical Brain*, pp. 149–50.
9. 同上、pp. 156–57.
10. Dennis R. Hill and Michael A. Persinger, "Application of Transcerebral, Weak (1 microT) Complex Magnetic Fields and Mystical Experiences: Are They Generated by Field-Induced Dimethyltryptamine Release from the Pineal Organ?" *Perceptual and Motor Skills* 97 (2003): 1049–50.
11. Gazzaniga, *The Ethical Brain*, p. 161.
12. 同上、p. 90.

◉第 14 章　意識の深さを探る
1. ボービーに協力した人物はじつは出版社の代表だった。
2. Thomas Mallon, "In the Blink of an Eye," *New York Times*, June 15, 1997.
3. Jean D. Bauby, *The Diving Bell and the Butterfly: A Memoir of Life in Death* (New York: Vintage International, 1997), pp. 3–5. ジャン＝ドミニック・ボービー『潜水服は蝶の夢を見る』(河野万里子訳、講談社)
4. J. Fodor, *A Theory of Content and Other Essays* (Cambridge, MA: MIT Press), p. 196.
5. 道徳的行為主体と F -16 の比較で、行為主体が脳をコントロールする二元論的なホムンクルスだと言うつもりではない。このたとえは、脳障害による主張の誤った前提を明らかにしたいだけである。
6. もちろん、一部の科学者がどう考えようと、これらの行動が実際に決定されていると示されたことはない。前に論じたように、これらの実験の結果には解釈の仕方がいろいろある。
7. 別の話だが、本書で前に論じた自由意志問題への取り組みに関する研究の弱点も忘れてはいけない。
8. David L. Rosenhan, "On Being Sane in Insane Places," *Science* 179 (1973): 250–58; および James Rachels, *The Elements of Moral Philosophy* (Philadelphia: Temple University Press, 1986), pp. 62–63. ジェームズ・レイチェルズ『現実をみつめる道徳哲学：安楽死からフェミニズムまで』(古牧徳生・次田憲和訳、晃洋書房)

◉第 15 章　アルゴリズムは「限りのない問題」を解けない
1. James M. Olson, *Fair Play: The Moral Dilemmas of Spying* (Washington, DC: Potomac Books, 2006) の原作では、コードネームは ZTACCORDEON。
2. このシナリオは Olson, *Fair Play*, pp. 105–109 より引用。

3. Peter C. Wason, “Reasoning,” in *New Horizons in Psychology*, ed. Brian M. Foss (Harmondsworth, UK: Penguin Books, 1966).
4. Richard A. Griggs and Jerome R. Cox, “The Elusive Thematics Material Effect in Wason’s Selection Task,” *British Journal of Psychology* 73 (1982): 407–20; および Peter C. Wason and Philip N. Johnson-Laird, *Psychology of Reasoning: Structure and Content* (London: Batsford, 1972).
5. この前提のあるバージョンは、ゲーデルの不完全性定理で数学的に証明されている。この有名な証明は、どんな論理形式系にも原理上けっして解けない命題があることを示している。
6. 本書のこれ以降の章を練るにあたって、私は哲学者のヒューバート・ドレイファスとジョン・サールの研究の影響を強く受けた。
7. この事例はラリー・ライトの論文 “Argument and Deliberation: A Plea for Understanding,” *Journal of Philosophy* 92, no. 11 (1995): 565–85 で示されているものを脚色したものである。

◉第 16 章　内面世界を意識的に旅する
1. Robert Frost, “Stopping by Woods on a Snowy Evening,” in *The Poetry of Robert Frost*, ed. Edward Connery Lathem. Copyright 1923, © 1969 by Henry Holt and Company, Inc., renewed 1951, by Robert Frost. Reprinted with permission of Henry Holt and Company.

◉第 17 章　道徳的行為主体はいかに生まれるか
1. Patrick Hughes, “The Meteorologist Who Started a Revolution,” *Weatherwise*, January 1998.
2. Alfred Wegener, *The Origin of Continents and Oceans* (New York: Dover, 1966), pp. 5–23. アルフレッド・ウェゲナー『大陸と海洋の起源』(竹内均訳、講談社)
3. Hughes, “The Meteorologist Who Started a Revolution.”
4. この話題について詳細は Thomas S. Kuhn, *The Structure of Scientific Revolutions*, 2nd ed. (Chicago: University of Chicago Press, 1996) トーマス・クーン『科学革命の構造』(中山茂訳、みすず書房) を参照。
5. このように関係を組み立てるにあたって、私は Russ Shafer-Landau and Joel Feinberg, *Reason and Responsibility in Some Basic Problem of Philosophy* (Belmont, CA: Wadsworth, 2004), pp 387-88 を参考にしている。
6. Jean Burns, “Does Consciousness Perform a Function Independently of the Brain?” *Frontier Perspectives* 2, no. 1 (1991): 19–34 に引用。

◉第 18 章　心の宮殿
1. Tullius Cicero, *De Oratore*, trans. E. W. Button and H. Rackham (Cambridge, MA: Loeb–Harvard University Press, 1976) の一節にもと

づく。
2. Quintilian, *Institutio Oratoria*, vol. 4., trans. H. E. Butler (New York: Loeb Classics Library, 1936).（訳注：この箇所の訳文はジョナサン・スペンス『マッテオ・リッチ記憶の宮殿』古田島洋介訳、平凡社より引用）。
3. Jonathan D. Spence, *The Memory Palace of Matteo Ricci* (New York: Viking, 1984), pp. 266–68 ジョナサン・スペンス『マッテオ・リッチ記憶の宮殿』（古田島洋介訳、平凡社）
4. 事実、アメリカの法律はこの問題を「重罪謀殺」の概念で考慮に入れた。強盗の最中であれば、予定外の殺人でも結果的に第一級殺人罪に問われる（訳注：アメリカで殺人罪は「謀殺：計画的な殺人」と「故殺：殺意はあっても非計画的な殺人」とに分かれる。「重罪謀殺」では、行為者が重罪を犯す過程においては、殺意がなく殺人を犯した場合でも、「謀殺」と見なされる）。
5. もちろん、これは進化がなんらかの意図的に進歩するシステムであるという意味ではない。私は「意識」が強い能力であると言っているだけだ。
6. Fyodor Dostoevsky, *Notes from Underground*, trans. Ralph E. Matlaw (New York: E. P. Dutton and Co., 1960), p. 31 ドストエフスキー『地下室の手記』（安岡治子訳、光文社）
7. 同上、pp. 9–10.

参考文献

Ackerman, Sandra. *Discovering the Brain*. Washington, DC: National Academy Press, 1992. サンドラ・アッカーマン『脳の新世紀』(中川八郎・永井克也訳、化学同人)

Adolphs, Ralph. “Social Cognition and the Human Brain.” *Trends in Cognitive Sciences* 3, no. 12 (1999): 469–79.

Apollodorus, *The Library of Greek Mythology*, translated by Robin Hard. Oxford: Oxford University Press, 1999.

Atkins, Kim. *Self and Subjectivity*. Malden, MA: Blackwell, 2005.

Baars, Bernard J. *In the Theater of Consciousness: TheWorkspace of the Mind*. New York: Oxford University Press, 1997. バーナード・バース『脳と意識のワークスペース』(苧阪直行訳、協同出版)

Baars, Bernard J., et al. *Essential Sources in the Scientific Study of Consciousness*. Cambridge, MA: MIT Press, 2003.

Barad, Mark, et al. “Rolipram, a Type IV-Specific Phosphodiesterase Inhibitor, Facilitates the Establishment of Long-Lasting Long-Term Potentiation and Improves Memory.” *Proceedings of the National Academy of Sciences* 95 (1998): 15020–25.

Bauby, Jean D. *The Diving Bell and the Butterfly: A Memoir of Life in Death*. New York: Vintage International, 1997. ジャン＝ドミニック・ボービー『潜水服は蝶の夢を見る』(河野万里子訳、講談社)

Bechara, A., A. R. Damasio, H. Damasio, and S. W. Anderson. “Insensitivity to Future Consequences Following Damage to Human Prefrontal Cortex.” *Cognition* 50 (1994): 7–15.

Bechara, A., H. Damasio, and A. R. Damasio. “Emotion, Decision Making and the Orbitofrontal Cortex.” *Cerebral Cortex* 10 (2000): 295–307.

Berman,Mitchell E., and Emil F. Coccaro. “Neurobiologic Correlates of Violence: Relevance to Criminal Responsibility.” *Behavioral Sciences and the* Law 16 (1998): 303–18.

Bioulac, Bernard, et al. “Biogenic Amines in 47, XYY Syndrome.” *Neuropsychobiology* 4, no. 6 (1978): 366–70.

Birbaumer, Niels. “Effect of Regional Anesthesia on Phantom Limb Pain AreMirrored in Changes in Cortical Reorganization.” *Journal of Neuroscience* 17, no. 14 (1997): 5503–5508.

Blank, Robert H. *Brain Policy: How the New Neuroscience Will Change Our Lives and Our Politics*. Washington, DC: Georgetown University Press, 1999.

Bolbecker, Amanda R. “Two Asymmetries Governing Neural and Mental

Timing." *Consciousness and Cognition* 11 (2002): 265–72.
Bond, Alyson J. "Antidepressant Treatments and Human Aggression." *European Journal of Pharmacology* 526, no. 1–3 (2005): 218–25.
Brandt, Richard. "A Moral Principle about Killing." In Marvin Kohl, *Beneficent Euthanasia*. Amherst, NY: Prometheus Books, 1972.
Breitmeyer, Bronu G. "In Support of Pockett's Critique of Libet's Studies of the Time Course of Consciousness." *Consciousness and Cognition* 11 (2002): 280–83.
Burns, Jean. "Does Consciousness Perform a Function Independently of the Brain?" *Frontier Perspectives* 2, no. 1 (1991): 19–34.

Caldwell, John A., Jr., et al. "A Double-Blind, Placebo-Controlled Investigation of the Efficacy of Modafinil for Sustaining the Alertness and Performance of Aviators: A Helicopter Simulator Study." *Psychopharmacology* 150, no. 3 (2000): 272–82.
Calvin, William H. *A Brief History of the Mind*. Oxford: Oxford University Press, 2004.
Casebeer, William D. "Moral Cognition and Its Neural Constituents." *Nature Reviews Neuroscience* 4 (2003): 841–46.
Cavedini, Paolo, et al. "Frontal Lobe Dysfunction in Obsessive-Compulsive Disorder and Major Depression: A Clinical-Neuropsychological Study." *Psychiatry Research* 78, no. 1–2 (1998): 21–28.
Chalmers, David J. *The Conscious Mind: In Search of a Fundamental Theory*. Oxford: Oxford University Press, 1996. ディヴィッド・J・チャーマーズ『意識する心：脳と精神の根本理論を求めて』（林一訳、白揚社）
———. "Facing Up to the Problem of Consciousness." *Journal of Consciousness Studies* 2, no. 3 (1995): 200–19.
———. *Philosophy of Mind: Classical and Contemporary Readings*. Oxford: Oxford University Press, 2002.
Chappell, T. D. J. *Understanding Human Goods: A Theory of Ethics*. Edinburgh: Edinburgh University Press, 1998.
Chatterjee, Anjan. "Cosmetic Neurology: The Controversy over Enhancing Movement, Mentation, and Mood." *Neurology* 63 (2004): 968–74.
Cherek, Don R., et al. "Effects of Chronic Paroxetine Administration on Measures of Aggressive and Impulsive Responses of Adult Males with a History of Conduct Disorder." *Psychopharmacology* 159 (2002): 266–74.
Churchland, Patricia S. "Self-Representation in Neural Systems." *Annals of the New York Academy of Sciences* 1001 (2003): 31–38.
Cicero, Tullius. *De Oratore*. Translated by E. W. Button and H.

Rackham. Cambridge, MA: Loeb–Harvard University Press, 1976.
Conant, James B. *The Overthrow of the Phlogiston Theory: The Chemical Revolution of 1775–1789*. Cambridge, MA: Harvard University Press, 1956.
Crick, Francis. *The Astonishing Hypothesis: The Scientific Search for the Soul*. New York: Charles Scribner's Sons, 1994. フランシス・クリック『ＤＮＡに魂はあるか：驚異の仮説』（中原英臣訳、講談社）
Crick, Francis, and Christof Koch. "Consciousness and Neuroscience." *Cerebral Cortex* 8 (1998): 97–107.
Csaba, Gyorgy, et al. "Effect of Mianserin Treatment at Weaning with the Serotonin Antagonist Mianserin on the Brain Serotonin and Cerebrospinal Fluid Nocistatin Level of Adult Female Rats: A Case of Late Imprinting." *Life Sciences* 75 (2004): 939–46.
———. "Effect of Neonatal β-Endorphin Imprinting on Sexual Behavior and Brain Serotonin Level in Adult Rats." *Life Sciences* 73 (2003): 103–14.
Csaba, Gyorgy, and Kornélia Tekes. "Is the Brain Hormonally Imprintable?" *Brain & Development* 27 (2005): 465–71.

Damasio, Antonio R. *Descartes' Error: Emotion, Reason and the Human Brain*. New York: Avon Books, 1994. アントニオ・ダマシオ『デカルトの誤り』（田中三彦訳、筑摩書房）
———. *The Feeling of What Happens: Body and Emotion in the Making of Consciousness*. San Diego, CA: Harvest Books, 2000.『無意識の脳 自己意識の脳：身体と情動と感情の神秘』（田中三彦訳、講談社）
———. *Looking for Spinoza*. New York: Vintage Books, 2004.『感じる脳：情動と感情の脳科学よみがえるスピノザ』（田中三彦訳、ダイヤモンド社）
Darrow, Clarence. *Crime and Criminals: An Address Delivered to the Prisoners in the Chicago County Jail*. Chicago: Charles H. Kerr and Company, 1919.
———. "A Plea for Mercy." In Ashley H. Thorndike, *Modern Eloquence*, vol. 6, 80–85. New York: P. F. Collier & Son, 1936.
Den Boer, Johan A. "Social Anxiety Disorder/Social Phobia: Epidemiology, Diagnosis, Neurobiology, and Treatment." *Comprehensive Psychiatry* 46, no. 6 (2000): 405–15.
Dennett, Daniel C. *Breaking the Spell: Religion as a Natural Phenomenon*. New York: Viking, 2006.
———. *Consciousness Explained*. Boston, MA: Little, Brown and Company, 1991. ダニエル・デネット『解明される意識』（山口泰司訳、青土社）
———. *Elbow Room: The Varieties of Free Will Worth Wanting*. Cambridge, MA: MIT Press, 1984.

———. *Freedom Evolves*. New York: Viking, 2003.『自由は進化する』（山形浩生訳、NTT 出版）
———. "The Self as a Responding—and Responsible—Artifact." *Annals of the New York Academy of Sciences* 1001 (2003): 39–50.
Descartes, René. *Meditations on First Philosophy*. Translated by John Veitch in 1901. http://www.wright.edu/cola/descartes/ ルネ・デカルト『省察』（山田弘明訳、ちくま学芸文庫）
Doidge, Norman. *The Brain That Changes Itself: Stories of Personal Triumph from the Frontiers of Brain Science*. New York: Viking, 2007. ノーマン・ドイジ『脳は奇跡を起こす』（竹迫仁子訳、講談社インターナショナル）
Dolan, Raymond J. "On the Neurology of Morals." *Nature Neuroscience* 2, no. 11 (1999): 927–29.
d'Orbán, P. T., and James Dalton. "Violent Crime and the Menstrual Cycle." *Psychological Medicine* 10, no. 2 (1980): 353–59.
Dostoevsky, Fyodor. *Notes from Underground*. Translated by Ralph E. Matlaw. New York: E. P. Dutton and Co., 1960. ドストエフスキー『地下室の手記』（安岡治子訳、光文社）
Dreyfus, Hubert L. *What Computers Still Can't Do: A Critique of Artificial Reason*. Cambridge, MA: MIT Press, 1992. ヒューバート・L. ドレイファス『コンピュータには何ができないか：哲学的人工知能批判』（黒崎政男・村若修訳、産業図書）

Earleywine, Mitch. *Mind-Altering Drugs: The Science of Subjective Experience*. Oxford: Oxford University Press, 2005.
Eccles, John C. *How the Self Controls Its Brain*. New York: Springer-Verlag, 1994. ジョン・C・エックルス『自己はどのように脳をコントロールするか』（大野忠雄・齋藤基一郎訳、シュプリンガー・フェアラーク東京）
Edelman, Gerald M. *Bright Air, Brilliant Fire: On the Matter of the Mind*. New York: Basic Books, 1992. ジェラルド・M・エーデルマン『脳から心へ：心の進化の生物学』（金子隆芳訳、新曜社）
———. *The Remembered Present: A Biological Theory of Consciousness*. New York: Basic Books, 1989.
———. *A Universe of Consciousness: How Matter Becomes Imagination*. New York: Basic Books, 2000.
———. *Wider Than the Sky: The Phenomenal Gift of Consciousness*. New Haven, CT: Yale University Press, 2005.『脳は空より広いか：「私」という現象を考える』（冬樹純子訳、草思社）
"Expanding *Nature Neuroscience*." *Nature Neuroscience* 8 (2005): 1.

Fodor, J. *A Theory of Content and Other Essays*. Cambridge, MA: MIT Press, 1990.

Franzén, Torkel. *Gödel's Theorem: An Incomplete Guide to Its Use and Abuse*. Wellesley, MA: A. K. Peters, 2005. トルケル・フランセーン『ゲーデルの定理：利用と誤用の不完全ガイド』（田中一之訳、みすず書房）
French, Peter A., et al. *Free Will and Moral Responsibility*. Boston: Blackwell, 2005.

Garland, Brent. *Neuroscience and the Law: Brain, Mind and the Scales of Justice*. New York: Dana Press, 2004. ブレント・ガーランド編『脳科学と倫理と法：神経倫理学入門』（古谷和仁・久村典子訳、みすず書房）
Gazzaniga, Michael S. "Cerebral Specialization and Interhemispheric Communication: Does the Corpus Collosum Enable the Human Condition?" *Brain* 123 (2000): 1293–1326.
———. *The Ethical Brain*. New York: Dana Press, 2005. マイケル・S・ガザニガ『脳のなかの倫理：脳倫理学序説』（梶山あゆみ訳、紀伊国屋書店）
———, ed. *The New Cognitive Neurosciences*. Cambridge, MA: MIT Press, 2000.
Gazzaniga, Michael S., et al. *Cognitive Neuroscience: The Biology of the Mind*. New York: W. W. Norton, 2002.
Georgopoulos, Apostolos P. "Neural Mechanisms of Motor Cognitive Processes: Functional MRI and Neurophysiological Studies." In *The New Cognitive Neurosciences*, edited by Michael S. Gazzaniga, 525–38. Cambridge, MA: MIT Press, 2000.
Glannon, Walter. *The Mental Basis of Responsibility*. Aldershot, UK: Ashgate, 2002.
Goetz, Stewart. "Frankfurt-Style Counterexamples and Begging the Question." *Midwest Studies in Philosophy* 29 (2005): 83–105.
Goldberg, Elkhonon. *The Executive Brain: The Frontal Lobes and the Civilized Mind*. Oxford: Oxford University Press, 2001. エルコノン・ゴールドバーグ『脳を支配する前頭葉：人間らしさをもたらす脳の中枢』（沼尻由紀子訳、講談社）
Gomes, Gilberto. "On Experimental and Philosophical Investigations of Mental Timing: A Response to Commentary." *Consciousness and Cognition* 11 (2002): 304–307.
———. "Problems in the Timing of Conscious Experience." *Consciousness and Cognition* 11 (2002): 191–97.
Goswami, Amit. *The Physicists' View of Nature: The Quantum Revolution*. New York: Springer, 1992.
Greene, Joshua. "From Neural 'Is' to Moral 'Ought': What Are the Moral Implications of Neuroscientific Moral Psychology?" *Nature Reviews Neuroscience* 4 (2003): 847–50.
Griggs, Richard A., and Jerome R. Cox. "The Elusive Thematics Material Effect in Wason's Selection Task." *British Journal of Psychology* 73

(1982): 407–20.

Haggard, Patrick, and Martin Eimer. “On the Relation between Brain Potentials and the Awareness of Voluntary Movements.” *Experimental Brain Research* 126 (1999): 128–33.

Hardcastle, Valerie G. “The Elusive Illusion of Sensation.” *Behavioral and Brain Sciences* 27, no. 5 (2004): 662–63.

“He Listens to the Brain’s ‘Sur.’” May 29, 2001. http://www.rediff.com/news/may401us.htm.

Herodotus. *Clio*. http://www.greektexts.com/library/Herodotus/Clio/eng/329.html.

Higdon, Hal. *Leopold and Loeb: The Crime of the Century*. Champaign: University of Illinois Press, 1999.

Hill, Dennis R., and Michael A. Persinger. “Application of Transcerebral,Weak (1 microT) Complex Magnetic Fields and Mystical Experiences: Are They Generated by Field-Induced Dimethyltryptamine Release from the Pineal Organ?” *Perceptual and Motor Skills* 97 (2003): 1049–50.

Hinde, Robert A. *Why Good Is Good: The Sources of Morality*. New York: Routledge, 2002.

Hofstadter, Douglas. *Gödel, Escher, Bach: An Eternal Golden Braid*. New York: Basic Books, 1979. ダグラス・ホフスタッター『ゲーデル、エッシャー、バッハ：あるいは不思議の環』(野崎昭弘訳、白揚社)

———. *I Am a Strange Loop*. New York: Basic Books, 2007.

Honderich, Ted. *How Free Are You? The Determinism Problem*. Oxford: Oxford University Press, 2002. テッド・ホンデリック『あなたは自由ですか？：決定論の哲学』(松田克進訳、法政大学出版局)

Howard-Snyder, Daniel, and Jeff Jordan. *Faith, Freedom and Rationality*. Lanham, MD: Rowman and Littlefield, 1996.

Hubbard, Timothy L., and Jamshed J. Barucha. “Judged Displacement in Apparent Vertical and Horizontal Motion.” *Perception and Psychophysics* 44, no. 3 (1988): 211–21.

Hughes, Patrick. “The Meteorologist Who Started a Revolution.” *Weatherwise*, January 1998.

Hugo, Victor. *Les Misérables*. Translated by Lee Fahnestock and NormanMacAfee. New York: Signet Classics, 1987. ヴィクトル・ユーゴー『レ・ミゼラブル』(西永良成訳、ちくま文庫)

Huxley, Thomas H. “On the Hypothesis That Animals Are Automata, and Its History.” In *Collected Essays* by T. H. Huxley. Boston, MA: Adamant Media Corporation, 2000 [1874].

Johnson, Steven. *Mind Wide Open: Your Brain and the Neuroscience of*

Everyday Life. New York: Scribner, 2004. スティーブン・ジョンソン『マインド・ワイド・オープン：自らの脳を覗く』（上浦倫人訳、ソフトバンクパブリッシング）
Johnson-Laird, Philip N., et al. “Reasoning and a Sense of Reality.” *British Journal of Psychology* 63 (1972): 392–400.
Jones, Lynette A. “Motor Illusions: What Do They Reveal about Proprioception?” *Psychological Bulletin* 103 (1998): 72–86.
Joordens, Steve, et al. “When Timing the Mind One Also Should Mind the Timing: Biases in the Measurement of Voluntary Actions.” *Consciousness and Cognition* 11 (2002): 231–40.
Joyce, Richard. *The Myth of Morality*. Cambridge: Cambridge University Press, 2001.

Kahn, Charles H. *The Art and Thought of Heraclitus: An Edition of the Fragments with Translation and Commentary*. Cambridge: Cambridge University Press, 1979.
Kalian, Moshe, et al. “Political Assassins—The Psychiatric Perspective and Beyond.” *Medicine and Law* 22, no. 1 (2003): 113–30.
Kandel, Elizabeth, et al. “IQ as a Protective Factor for Subjects at High Risk for Antisocial Behavior.” *Journal of Consulting and Clinical Psychology* 56, no. 2 (1988): 224–26.
Kane, Robert. *The Oxford Handbook of Free Will*. Oxford: Oxford University Press, 2002.
Klein, Stanley. “Libet’s Research on the Timing of Conscious Intention to Act: A Commentary.” *Consciousness and Cognition* 11 (2002): 273–79.
———. “Libet’s Research on the Timing of Mental Events: A Commentary on the Commentaries.” *Consciousness and Cognition* 11 (2002): 326–33.
Koch, Christof. *The Quest for Consciousness: A Neurobiological Approach*. Englewood, CO: Roberts and Company, 2004. クリストフ・コッホ『意識の探求：神経科学からのアプローチ』（土谷尚嗣・金井良太訳、岩波書店）
Kohl, Marvin. *Beneficent Euthanasia*. Amherst, NY: Prometheus Books, 1972.
Kramer, Peter D. *Listening to Prozac: The Landmark Book about Antidepressants and the Remaking of the Self*. New York: Penguin Books, 1997. ピーター・D・クレイマー『驚異の脳内薬品：鬱に勝つ「超」特効薬』（堀たほ子訳、同朋社）
Kuhn, Thomas S. *The Structure of Scientific Revolutions* 2nd ed. Chicago: University of Chicago Press, 1996. トーマス・クーン『科学革命の構造』（中山茂訳、みすず書房）

Laplace, Pierre. *A Philosophical Essay on Probabilities*. Translated by F. W. Truscott and F. L. Emory. New York: Dover, 1951. ピエール・ラプラス『確率の哲学的試論』(内井惣七訳、岩波書店)

Lau, Hakwan C., et al. "On Measuring the Perceived Onset of Spontaneous Actions." *Journal of Neuroscience* 26, no. 27 (2006): 7265–71.

LeDoux, Joseph. "The Self: Clues from the Brain." *Annals of the New York Academy of Sciences* 1001 (2003): 295–304.

———. *Synaptic Self: How Our Brains Become Who We Are*. New York: Penguin Books, 2002. ジョゼフ・ルドゥー『シナプスが人格をつくる：脳細胞から自己の総体へ』(谷垣暁美訳、みすず書房)

Levere, Trevor H. *Transforming Matter: A History of Chemistry from Alchemy to the Buckyball*. Baltimore: Johns Hopkins University Press, 2001.

Lhermitte, François. "Human Autonomy and the Frontal Lobes. Part I: Imitation and Utilization Behavior: A Neuropsychological Study of 75 Patients." *Annals of Neurology* 19, no. 4 (1986): 326–34.

———. "'Utilization Behavior' and Its Relation to Lesions of the Frontal Lobes." *Brain* 106, no. 2 (1983): 237–55.

Libet, Benjamin. "Do We Have Free Will?" In *Volitional Brain*, edited by Benjamin Libet et al. Thoverton, UK: Imprint Academic, 1999.

———. *Mind Time: The Temporal Factor in Consciousness*. Cambridge, MA: Harvard University Press, 2004. ベンジャミン・リベット『マインド・タイム：脳と意識の時間』(下條信輔訳、岩波書店)

———. "The Timing of Mental Events: Libet's Experimental Findings and Their Implications." Consciousness and Cognition 11 (2002): 291–99.

Libet, Benjamin, et al., eds. *The Volitional Brain: Toward a Neuroscience of Free Will*. Thoverton, UK: Imprint Academic, 1999.

Lim, Gerald T., et al. "Clinicopathologic Case Report: Akinetic Mutism with Findings of White Matter Hyperintensity." *Journal of Neuropsychiatry and Clinical Neurosciences* 14 (2002): 214–21.

Limson, Rhona, et al. "Personality and Cerebrospinal Fluid Monoamine Metabolites in Alcoholics and Controls." *Archives of General Psychiatry* 48, no. 5 (1991): 437–41.

Linnoila, Markku, et al. "Low Cerebrospinal Fluid 5-Hydroxyindoleacetic Acid Concentration Differentiates Impulsive from Nonimpulsive Violent Behavior." *Life Sciences* 33 (1983): 2609–14.

Locke, John. *An Essay Concerning Human Understanding*. Edited by A. C. Fraser. New York: Dover, 1959 [1689]. ジョン・ロック『人間知性論』(大槻春彦訳、岩波書店)

Maihafer, Harry J. *Brave Decisions: Fifteen Profiles in Courage and Character from American Military History*. Dulles, VA: Brassey's, 1995.

Mallon, Thomas. "In the Blink of an Eye." *New York Times*, June 15, 1997.

Marcus, Steven J. *Neuroethics: Mapping the Field*. New York: Dana Press, 2002.

Martin, Kevan. "Time Waits for No Man." *Nature* 429, no. 20 (2004): 243–44.

Martin, Mike W. *From Morality to Mental Health: Virtue and Vice in a Therapeutic Culture*. Oxford: Oxford University Press, 2006.

Masters, Roger D., and Michael T. McGuire. *The Neurotransmitter Revolution: Serotonin, Social Behavior, and the Law*. Carbondale: Southern Illinois University Press, 1994.

McCabe Sean E., et al. "Non-medical Use of Prescription Stimulants among US College Students: Prevalence and Correlates from a National Survey." *Addiction* 99 (2005): 96–106.

Mele, Alfred R. *Autonomous Agents: From Self-Control to Autonomy*. Oxford: Oxford University Press, 1995.

Melton, Gary B., et al. *Psychological Evaluations for the Courts: A Handbook for Mental Health Professionals and Lawyers*. New York: Guilford Press, 1997.

"Messing with Our Minds." *Independent*, January 18, 2005.

Metzinger, Thomas. *Neural Correlates of Consciousness: Empirical and Conceptual Questions*. Cambridge, MA: MIT Press, 2000.

Milan, Wil. "Fear and Awe: Eclipses through the Ages." January 18, 2000. http://www.space.com/scienceastronomy/solarsystem/lunar_lore_000118.html.

Miller, Richard B. *Casuistry and Modern Ethics: A Poetics of Practical Reasoning*. Chicago: University of Chicago Press, 1996.

Moll, Jorge, R. de Oliveira-Souza, and P. J. Eslinger. "Morals and the Human Brain: A Working Model." *Neuroreport* 14, no. 3 (2003): 299–305.

Moll, Jorge, et al. "The Neural Basis of Human Moral Cognition." *Nature Reviews Neuroscience* 6 (2005): 799–809.

Moreno, Jonathan D. *Mind Wars: Brain Research and National Defense*. Washington, DC: Dana Press, 2006. ジョナサン・モレノ『操作される脳：マインド・ウォーズ』(西尾香苗訳、アスキー・メディアワークス)

Morton, John H., et al. "A Clinical Study of Premenstrual Tension." *American Journal of Obstetrics and Gynecology* 65, no. 6 (1953): 1182–91.

Nahmias, Eddy. "When Consciousness Matters: A Critical Review

of Daniel Wegner's *The Illusion of Conscious Will*." *Philosophical Psychology* 15, no. 4 (2002): 527–42.
"Narcolepsy More Common in Men, Often Originates in Their 20s." http://www.mayoclinic.org/news2002-rst/986.html.
Nelkin, Dorothy, and M. Susan Lindee. *The DNA Mystique: The Gene as a Cultural Icon*. New York: W. H. Freeman, 1995. ドロシー・ネルキン、M・スーザン・リンディー『DNA 伝説：文化のイコンとしての遺伝子』(工藤政司訳、紀伊國屋書店)
Nelson, Randy J. *Biology of Aggression*. Oxford: Oxford University Press, 2006.

Obhi, Sukhvinder S., and Patrick Haggard. "Free Will and Free Won't." *American Scientist* 92 (2004): 358–65.
O'Connor, Daniel J. *Free Will*. London: Macmillan, 1971.
Olson, JamesM. *Fair Play: The Moral Dilemmas of Spying*. Washington, DC: Potomac Books, 2006.
Overbye, Dennis. "Free Will: Now You Have It, Now You Don't." *New York Times*, January 2, 2007.
Owen, David R. "The 47, XYY Male: A Review." *Psychological Bulletin* 78, no. 3 (1972): 209–33.

Penfield, Wilder. *The Mystery of Mind. Princeton*, NJ: Princeton University Press, 1975. ワイルダー・ペンフィールド『脳と心の神秘』(塚田裕三・山河宏訳、法政大学出版局)
Penrose, Roger. *The Emperor's New Mind*. Oxford: Oxford University Press, 1989. ロジャー・ペンローズ『皇帝の新しい心：コンピュータ・心・物理法則』(林一訳、みすず書房)
Pereboom, Derk. *Living without Free Will*. Cambridge: Cambridge University Press, 2001.
Pink, Thomas. *The Psychology of Freedom*. Cambridge: Cambridge University Press, 1996.
Pinker, Steven. *The Blank Slate: The Modern Denial of Human Nature*. New York: Viking, 2002. スティーブン・ピンカー『人間の本性を考える：心は「空白の石版」か』(山下篤子訳、日本放送出版協会)
Plato. *Republic*. Translated by G. M. A. Grube. Indianapolis: Hacket, 1992.
"Premenstrual Syndrome (PMS)." October 27, 2006. http://www.mayoclinic.com/health/premenstrual-syndrome/DS00134.
Price-Huish, Cecille. "Born to Kill? Aggression Genes and Their Potential Impact on Sentencing and the Criminal Justice System." *Southern Methodist University Law Review* (1997): 603–10.
Purdy, Michael. "Researchers Use Brain Scans to Predict Behavior."

Washington School of Medicine in St. Lewis Online, November 29, 2005. http://mednews.wustl.edu/news/page/normal/6248.html.
Pustilnik, Amanda C. "Violence on the Brain: A Critique of Neuroscience in Criminal Law." Harvard Law School Faculty Scholarship Series. Paper 14, 2008. http://lsr.nellco.org/harvard_faculty/14.

Quintilian. *Institutio Oratoria*, vol. 4. Translated by H. E. Butler. New York: Loeb Classics Library, 1936. クインティリアヌス『弁論家の教育』森谷宇一ほか訳、京都大学学術出版会)

Rachels, James. *The Elements of Moral Philosophy*. Philadelphia: Temple University Press, 1986. ジェームズ・レイチェルズ『現実をみつめる道徳哲学：安楽死からフェミニズムまで』(古牧徳生・次田憲和訳、晃洋書房)
Raine, Adrian. *The Psychopathology of Crime: Criminal Behavior as a Clinical Disorder*. San Diego, CA: Academic Press, 1993.
Raleigh, Michael J., et al. "Serotonergic Mechanisms Promote Dominance Acquisition in Adult Male Vervet Monkeys." *Brain Research* 559 (1991): 181–90.
Ramachandran, Vilayanur S. "Anosognosia in Parietal Lobe Syndrome." In *Essential Sources in the Scientific Study of Consciousness*, edited by Bernard J. Baars et al., 805–30. Cambridge, MA: MIT Press, 2003.
———. Quoted in "The Zombie Within." *New Scientist*, September 5, 1998, p. 35.
Restak, Richard. *The Brain Has a Mind of Its Own: Insights from a Practicing Neurologist*. New York: Three Rivers Press, 1993.
———. *The Naked Brain: How the Emerging Neurosociety Is Changing How We Live, Work, and Love*. Easton, PA: Harmony Press, 2006. リチャード・レスタック『はだかの脳：脳科学の進歩は私たちの暮らしをどう変えていくのか？』(高橋則明訳、アスペクト)
———. *The New Brain: How the Modern Age Is Rewiring Your Mind*. York: Rodale, 2003.
Rose, Steven. *The Future of the Brain: The Promise and Perils of Tomorrow's Neuroscience*. Oxford: Oxford University Press, 2005.
Rosenhan, David L. "On Being Sane in Insane Places." *Science* 179 (1973): 250–58.
Ryle, Gilbert. *The Concept of Mind*. London: Hutchinson & Company, 1949.

Sapir, Ayelet, et al., "Brain Signals for Spatial Attention Predict Performance in a Motion Discrimination Task." *Proceedings of the*

National Academy of Sciences 103, no. 49 (2005): 17810–15.
Satinover, Jeffrey. *The Quantum Brain: The Search for Freedom and the Next Generation of Man*. New York: John Wiley and Sons, 2001.
Scott, George P. *Atoms of the Living Flame: An Odyssey into Ethics and the Physical Chemistry of Free Will*. Lanham, MD: University Press of America, 1985.
Searle, John R. *Mind: A Brief Introduction*. Oxford: Oxford University Press, 2004. ジョン・R・サール『マインド：心の哲学』（山本貴光・吉川浩満訳、朝日出版社）
———. "Is the Brain's Mind a Computer Program?" *Scientific American*, October 1990.
Shafer-Landau, Russ, and Joel Feinberg. *Reason and Responsibility: Readings in Some Basic Problems of Philosophy*. Belmont, CA: Wadsworth, 2004.
"Solar Eclipses in History and Mythology: Historical Observations of Solar Eclipses." Bibliotheca Alexandria Online. March 29, 2006. http://www.bibalex.org/eclipse2006/HistoricalObservationsofSolarEclipses.htm.
Spence, Jonathan D. *The Memory Palace of Matteo Ricci*. New York: Viking, 1984. ジョナサン・スペンス『マッテオ・リッチ記憶の宮殿』（古田島洋介訳、平凡社）
Spence, Sean A., and Chris D. Frith. "Towards a Functional Anatomy of Volition." *Journal of Conscious Studies* 6 (1999): 11–29.
Spence, Sean A., et al. "A PET Study of Voluntary Movement in Schizophrenic Patients Experiencing Passivity Phenomena." *Brain* 120, no. 11 (1997): 1997–2011.
Sternberg, Eliezer J. *Are You a Machine? The Brain, the Mind, and What It Means to Be Human*. Amherst, NY: Humanity Books, 2007.
Stump, Eleonore. "Libertarian Freedom and the Principle of Alternative Possibilities." In *Faith, Freedom and Rationality*, edited by Daniel Howard-Snyder and Jeff Jordan, 73–88. Lanham, MD: Rowman and Littlefield, 1996.
Stuss, Donald T., et al. "The Frontal Lobes Are Necessary for 'Theory of Mind.'" *Brain* 124 (2001): 279–86.

Tanaka, Yutaka, et al. "Forced Hyperphasia and Environmental Dependency Syndrome." *Journal of Neurology, Neurosurgery and Psychiatry* 68, no. 2 (2000): 224–26.
Taylor, Maxwell D. *The Uncertain Trumpet*. New York: Harper & Brothers, 1960.
Taylor, Stuart, Jr. "CAT Scans Said to Show Shrunken Hinckley Brain." *New York Times*, June 2, 1982.

Thorndike, Ashley H. *Modern Eloquence*. New York: P. F. Collier & Son, 1936.
Trevena, Judy A., and Jeff Miller. “Cortical Movement Preparation Before and After a Conscious Decision to Move.” *Consciousness and Cognition* 11, no. 2 (2002): 162–90.
Turk, David J., et al. “Out of Contact, Out of Mind: The Distributed Nature of the Self.” *Annals of the New York Academy of Sciences* 1001 (2003): 65–78.

Vathy, Ilona, et al. “Modulation of Catecholamine Turnover Rate in Brain Regions of Rats Exposed Prenatally to Morphine.” *Brain Research* 662 (1994): 209–15.
Virkkunen, Matti, A. Nuutila, F. K. Goodwin, and M. Linnoila. “Cerebrospinal Fluid Monoamine Metabolite Levels in Male Arsonists.” *Archives of General Psychiatry* 44, no. 3 (1987): 241–47.
Virkkunen, Matti, et al. “CSF Biochemistries, Glucose Metabolism, and Diurnal Activity Rhythms in Alcoholic, Violent Offenders, Fire Setters, and Healthy Volunteers.” *Archives of General Psychiatry* 51, no. 1 (1994): 20–27.
Volavka, Jan. *The Neurobiology of Violence*. Washington, DC: American Psychiatric Press, 1995.
———. “The Neurobiology of Violence: An Update.” *Journal of Neuropsychiatry and Clinical Neurosciences* 11 (1999): 307–14.

Walter, Henrik. “Neurophilosophy of Free Will.” In *The Oxford Handbook of Free Will*, edited by Robert Kane, 565–76. Oxford: Oxford University Press, 2002.
Wang, Hoau-Yan, et al. “Prenatal Cocaine Exposure Selectively Reduces Mesocortical Dopamine Release.” *Journal of Pharmacology and Experimental Therapeutics* 273 (1995): 121–25.
Wason, Peter C. “Reasoning.” In *New Horizons in Psychology*, edited by Brian M. Foss. Harmondsworth, UK: Penguin Books, 1966.
Wason, Peter C., and Philip N. Johnson-Laird. *Psychology of Reasoning: Structure and Content*. London: Batsford, 1972.
Watson, Gary. *Free Will*. Oxford: Oxford University Press, 1982.
Wegener, Alfred. *The Origin of Continents and Oceans*. New York: Dover, 1966. アルフレッド・ウェゲナー『大陸と海洋の起源』（竹内均訳、講談社）
Wegner, DanielM. *The Illusion of Conscious Will*. Cambridge,MA:MIT Press, 2002.
Wegner, DanielM., and ThaliaWheatley. “ApparentMental Causation: Sources of the Experience of the Will.” *American Psychologist* 54

(1999): 480–91.
Weintraub, Arlene. "Eyes Wide Open." Business Week, April 24, 2006.
Willoch, Frode, et al. "Phantom Limb Pain in the Human Brain: Unraveling Neural Circuitries of Phantom Limb Sensation Using Positron Emission Tomography." *Annals of Neurology* 48 (2000): 842–49.
Witkin, Herman A., et al. "Criminality in XYY and XXY Men." *Science* 193, no. 4253 (1976): 547–55.
Wright, Larry. "Argument and Deliberation: A Plea for Understanding." *Journal of Philosophy* 92, no. 11 (1995): 565–85.
———. *Better Reasoning: Techniques for Handling Argument, Evidence and Abstraction*. New York: Holt, Rinehart and Winston, 1982.

Yesavage, Jerome A., et al. "Donepezil and Flight Simulator Performance: Effects on Retention of Complex Skills." *Neurology* 59 (2002): 123–25.

人工知能のめざましい進展は、人間の能力に迫り、さらに超えつつあるようにさえ見える。やがて、心や意識をもったＡＩも生まれると予測する研究者も少なくない。私たち人間と区別のつかないようなアンドロイドが、未来に登場するのだろうか？　だが、想像の翼を広げる前に、あたりを見回してほしい。いまあなたの周りにいるひとたち、そしてあなた自身ですら実は〝アンドロイド〟だったとしたら？

これはＳＦの話ではない。脳科学の成果は、実際、私たち自身が〈脳〉に操られるアンドロイド（生きたマシン）にほかならないというのだ。たとえば、本書でも紹介されているベンジャミン・リベットの実験。この実験は、私たちが意識的に自覚する前に、すでに脳が行動しようと実行しはじめていることを明らかにした。つまり脳（無意識）が私たちの行動を、まず先に自動生成しているというわけだ。また、脳画像をモニターすることによって、意思決定や体の動きを事前にある程度予測できるという別の実験結果からも、このことが伺える。

ほかにも本書には、脳が私たちの心や行動を操っている研究や事例が次々と登場する。脳障害による人格の変貌、心を変える薬、衝動を抑えられなかったり、暴力や犯罪をおかしやすい脳の傾向、妄想を確かな事実として信じてしまう症状などなど……。

今日の脳科学では、脳が人間の思考や行動を因果的に決めており、自由な意志は存在しないという「決定論」が多勢を占める。そしてこのことは、私たちの社会や倫理にとっても見過ごせない大きな問題を含んでいる。たとえば悪事を働いても「それは脳のせいだ」ということになってしまうからだ。現に犯罪者を裁く法廷でこうした主張がなされることがあり、極刑を免れた例もある。

決定論と対立するのが、「自由意志」はあるという立場であり、本書もこちらに属する。すなわち、脳による無意識の決定を超えて、人間には意識的に熟考する能力があるとする。一方、決定論でも自由意志はあるという「両立論」も主張されるが、本書はこの説では疑問に答えられないと退ける。また、心と脳（体）は別だとする二元論の立場もとらない。

では、「自由意志はある」という根拠はなにか？　本書は意志と脳にまつわるさまざまな研究や事例を参照しつつ、その根拠を批判的に探っていく。脳科学・認知科学における自由意志の主な論点が手際よくまとめられており、読者はいかにこの問題が広範な領域に及ぶかに気づかされるだろう（なお、心理学・哲学的な「自由意志」の論点については、『社会心理学研究（Ｖｏｌ31・№１）』所収の「自由意志信念に関する実証研究のこれまでとこれから」に詳しい。この論考はネットから無料でダウンロードできる）。

また決定論者でも、脳神経倫理学《ニューロエシックス》を主導するガザニガのように、最終的には自由意志は残るとの主張もある。しかし、こうした見解も本書は批判しており、脳科学の主流派にいかに斬り込んでいくかも読みどころとなっている。

とはいえ、脳じたいが決定論的システム（アルゴリズム）を基盤とすることは認めざるを得ない。それを認めたうえで、なおかつ自由意志が生まれることを明かさなければならない。まず本書は、決定論のロジックには「飛躍」があり、理論というより「世界観」に過ぎないことを説明する。さらに、「限りのない問題」というキーコンセプトによって、人間の論理的思考はアルゴリズムではないことを明らかにする。「限りのない問題」とは、たんに定義付けできないだけではなく、関係する概念がわかっても、その解釈の方法も無数にあるような問題であり、アルゴリズムでは解けない。しかし人間は、「アルゴリズムを超越する――状況を理解し、意味を認識し、想像し、意識的に熟考し、限りのない問題を論理的に考え、自由な行為主体として行動する」ことができるのだ。

では、どのようにこうした自由な行為主体が、脳から生まれるのか？　本書は興味深い説を展開していくが、そのひとつは脳科学者アントニオ・ダマシオの「ソマティック・マーカー仮説」に想を得ている。ソマティック・マーカーは、知覚的な刺激と、過去の情動や記憶・意識的な経験のあいだをつなげる。そして、その連携は、脳内の前頭葉が担っている。これに似て脳は、まず知覚や経験のデータ処理をアルゴリズムとして行いながら、内省的な思索へと移行していくのではないか。

さらに、自由意志や意識をもつ行為主体は、決定しているプロセスとランダムなプロセスとの相互作用によって、脳内で生まれるのかも知れない。本書はカオス理論なども援用するが、その解明には新たな科学的アプローチ（意識の物理学）が欠かせない。

意識（自己認識）をそなえた人工知能を創造する難しさも、まさにこの点にある。従来のアルゴリズムの能力を高めていく方向だけでは難しいのだ。しかし、人工意識を目指す研究は日々進んでいる。たとえば、人間の認知発達や生命進化を模した学習プロセスを組み込む方法がある。赤ん坊が認知発達で得るような客観的な視点を獲得し、自発的な意志によって、自ら考え、学習し、限りなく成長しうるシステムが構想されている（荒木建治ほか『心を交わす人工知能』などを参照）。また、脳型コンピューターと呼ばれるニューロモーフィック（神経形態学的）なプログラムが、やがて生命のように「カオスの縁」で働き、ある種の自己認識を持つようになることも考えられる（ジョージ・ザルカダキス『AIは「心」を持てるのか』などを参照）。こうした未来像も含めて、本書には「自由と倫理」「意識とアルゴリズム」をめぐる刺激的な洞察があふれている。

最後になったが、脳科学・心理学・コンピューターサイエンス・哲学・文学など、広範な領域を横断する原著を、わかりやすく的確な訳文にしていただいた大田直子さんに多大の感謝を！

本書出版プロデューサー　真柴隆弘

著者
エリエザー・スタンバーグ　Eliezer J. Sternberg
イェール大学附属のイェール・ニューヘイブンホスピタルの神経科医（レジデント）。脳神経科学と哲学をバックボーンに、意識と意思決定の謎について研究している。本書を含め、３冊の著作がある。

訳者
大田 直子（おおた なおこ）
翻訳家。訳書は、オリヴァー・サックス『見てしまう人びと』、デイヴィッド・イーグルマン『意識は傍観者である』、ブライアン・グリーン『隠れていた宇宙』など多数。

〈わたし〉は脳に操られているのか

意識がアルゴリズムで解けないわけ

2016年9月20日　第1刷発行

著　者　エリエザー・スタンバーグ
訳　者　大田 直子
発行者　宮野尾 充晴
発　行　株式会社 インターシフト
〒156-0042　東京都世田谷区羽根木 1-19-6
電話 03-3325-8637　FAX 03-3325-8307
www.intershift.jp/
発　売　合同出版 株式会社
〒101-0051　東京都千代田区神田神保町 1-44-2
電話 03-3294-3506　FAX 03-3294-3509
www.godo-shuppan.co.jp/
印刷・製本　シナノ印刷
装丁　織沢 綾

Printed in Japan
ISBN 978-4-7726-9552-7　C0040　NDC400　188x130

インターシフトの本　新刊メルマガもどうぞ！　www.intershift.jp

人間らしさとはなにか？

マイケル・S・ガザニガ　柴田裕之訳　三六〇〇円＋税

人間探究のサイエンスとしての脳科学の到達点！　意識や情動、道徳についても詳しい。

「奇蹟の特異点たるヒトの深厚な意味を知れば、誰でもしばし呆然とするだろう」

——池谷裕二『日経新聞』

「〝人間とはなにか〟について理解するための最高の科学書だ」——スティーブン・ピンカー

脳の中の身体地図

サンドラ＆マシュー・ブレイクスリー　小松淳子訳　二二〇〇円＋税

〈脳－心－身体〉の境界を超える最新の脳科学の成果を、名サイエンスライターが描き出す。

ラマチャンドラン、ダマシオ、ガザニガ各氏が絶賛！　★年間ベストブック！（『ワシントンポスト』）

眠っているとき、脳では凄いことが起きている

ペネロペ・ルイス　西田美緒子訳

ひと晩寝ると問題がすっきり解けるわけ。　二二〇〇円＋税

心の大掃除、情報の統合&要約、気分の調整&記憶の再固定化……眠りの凄い働きが明らかに！

「睡眠についての、目の覚めるような素晴らしい科学本だ」――『ネイチャー』

野性の知能　裸の脳から、身体・環境とのつながりへ

ルイーズ・バレット　小松淳子訳

脳は身体・環境なしに、賢くなれない。　二三〇〇円＋税

脳至上主義を超える、「身体認知科学」の最前線！

「（本書は）〝心〟のみならず、記憶さえも、脳の外に貯蔵されていると強調します。こう聞いて〝まさか！ そんなはずは〟と思いますか？ そんな方こそ、本書の最高の読者となるはずです」――池谷裕二『読売新聞』

人間とはちがう行動原理がいろいろ出てきてびっくりするはず――山形浩生『cakes』

隠れた脳　好み、道徳、市場、集団を操る無意識の科学

シャンカール・ヴェダンタム　渡会圭子訳　一六〇〇円＋税

気づいてからではもう遅い。あなたの小さな思い込みが大きなできごとを巻き起こす。

「科学的な実験を引き合いに出しながら、人間を裏から支配する〝隠れた脳〟の恐るべき姿を描き出す」——竹内薫『日経新聞』

思い違いの法則　じぶんの脳にだまされない20の法則

レイ・ハーバート　渡会圭子訳　一九〇〇円＋税

私たちは日々、多くの思い違いを気づかぬうちにしている。心の錯覚を解明した決定版！

「本書は数多くの不合理な性向についてのガイド役となって、だれもが日々おかす失敗を見つける手助けをしてくれる」——ダン・アリエリー

賢く決めるリスク思考　ビジネス・投資から、恋愛・健康・買い物まで

ゲルト・ギーゲレンツァー　田沢恭子訳　二二〇〇円＋税

〈直観x統計学〉で、すばやくベストの選択を！

リスクの正体をとらえることによって、人生のあらゆるシーンで活かせる思考法を明かす。

「リスクを賢くとるということは、確率論や心理学を理解する以上のことなのだ」
——『エコノミスト』

なぜ直感のほうが上手くいくのか？　無意識の知性が決めている

ゲルト・ギーゲレンツァー　小松淳子訳　一八〇〇円＋税

情報は少ないほうが上手くいく！　世界二〇か国で刊行のベストセラー！　★多数の賞を獲得！

「さすがは巨匠ギーゲレンツァーだ」——池谷裕二『週刊現代』

死と神秘と夢のボーダーランド　死ぬとき、脳はなにを感じるか

ケヴィン・ネルソン　小松淳子訳　二三〇〇円＋税

死ぬとき、脳は〈ボーダーランド〉に入り込む。NHKテレビ「立花隆 臨死体験」に、著者登場！

★ラマチャンドラン、アラン・ホブソン、養老孟司、山形浩生など各氏絶賛！

脳の中の時間旅行

クラウディア・ハモンド　渡会圭子訳　二二〇〇円＋税

ワープする時間の謎から、時間の流れを変えるコツまで、数々の賞を受賞した著者が明かす。

★年間ベストブック（英国心理学協会ポピュラーサイエンス部門）

なぜ生物時計は、あなたの生き方まで操っているのか？

ティル・レネベルク　渡会圭子訳　二二〇〇円＋税

時間生物学の国際的な第一人者がやさしく解き明かす決定版。
あなたの生物時計に逆らってはいけない！　★年間ベストブック（英国医療協会）
「時差ボケや不眠に苦しむ人にとっては目からウロコの連続である」――佐倉統『朝日新聞』

知能はもっと上げられる　脳力アップ、なにが本当に効く方法か

ダン・ハーリー　渡会圭子訳　二〇〇〇円＋税

科学にもとづく方法で、脳をヴァージョンアップしよう！

「もはやIQはブランドではない。どうすれば知能が上げられるかを科学者に取材し、著者自ら効果的な方法を試した体当たり的検証録。

〝知能向上の科学〟を、あなたもぜひ体験してほしい」――池谷裕二

美味しさの脳科学　においが味わいを決めている

ゴードン・M・シェファード　小松淳子訳　二四五〇円＋税

美味しさ（味わい）は、口ではなく、脳が創り出している。